U0397283

珍 藏 版

Philosopher's Stone Series

哲人石丛书

立足当代科学前沿

彰显当代科技名家

绍介当代科学思潮

激扬科技创新精神

珍藏版策划

王世平　姚建国　匡志强

出版统筹

殷晓岚　王怡昀

隐秩序

适应性造就复杂性

Hidden Order

How Adaptation Builds
Complexity

John H. Holland

[美] 约翰·H.霍兰 —— 著

周晓牧　韩　晖 —— 译

陈　禹　方美琪 —— 校

 上海科技教育出版社

出版前言

"哲人石",架设科学与人文之间的桥梁

"哲人石丛书"对于同时钟情于科学与人文的读者必不陌生。从1998年到2018年,这套丛书已经执着地出版了20年,坚持不懈地履行着"立足当代科学前沿,彰显当代科技名家,绍介当代科学思潮,激扬科技创新精神"的出版宗旨,勉力在科学与人文之间架设着桥梁。《辞海》对"哲人之石"的解释是:"中世纪欧洲炼金术士幻想通过炼制得到的一种奇石。据说能医病延年,提精养神,并用以制作长生不老之药。还可用来触发各种物质变化,点石成金,故又译'点金石'。"炼金术、炼丹术无论在中国还是西方,都有悠久传统,现代化学正是从这一传统中发展起来的。以"哲人石"冠名,既隐喻了科学是人类的一种终极追求,又赋予了这套丛书更多的人文内涵。

1997年对于"哲人石丛书"而言是关键性的一年。那一年,时任上海科技教育出版社社长兼总编辑的翁经义先生频频往返于京沪之间,同中国科学院北京天文台(今国家天文台)热衷于科普事业的天体物理学家卞毓麟先生和即将获得北京大学科学哲学博士学位的潘涛先生,一起紧锣密鼓地筹划"哲人石丛书"的大局,乃至共商"哲人石"的具体选题,前后不下十余次。1998年年底,《确定性的终结——时间、混沌与新自然法则》等"哲人石丛书"首批5种图书问世。因其选题新颖、译笔谨严、印制精美,迅即受到科普界和广大读者的关注。随后,丛书又推

出诸多时代感强、感染力深的科普精品,逐渐成为国内颇有影响的科普品牌。

"哲人石丛书"包含4个系列,分别为"当代科普名著系列"、"当代科技名家传记系列"、"当代科学思潮系列"和"科学史与科学文化系列",连续被列为国家"九五"、"十五"、"十一五"、"十二五"、"十三五"重点图书,目前已达128个品种。丛书出版20年来,在业界和社会上产生了巨大影响,受到读者和媒体的广泛关注,并频频获奖,如全国优秀科普作品奖、中国科普作协优秀科普作品奖金奖、全国十大科普好书、科学家推介的20世纪科普佳作、文津图书奖、吴大猷科学普及著作奖佳作奖、《Newton-科学世界》杯优秀科普作品奖、上海图书奖等。

对于不少读者而言,这20年是在"哲人石丛书"的陪伴下度过的。2000年,人类基因组工作草图亮相,人们通过《人之书——人类基因组计划透视》、《生物技术世纪——用基因重塑世界》来了解基因技术的来龙去脉和伟大前景;2002年,诺贝尔奖得主纳什的传记电影《美丽心灵》获奥斯卡最佳影片奖,人们通过《美丽心灵——纳什传》来全面了解这位数学奇才的传奇人生,而2015年纳什夫妇不幸遭遇车祸去世,这本传记再次吸引了公众的目光;2005年是狭义相对论发表100周年和世界物理年,人们通过《爱因斯坦奇迹年——改变物理学面貌的五篇论文》、《恋爱中的爱因斯坦——科学罗曼史》等来重温科学史上的革命性时刻和爱因斯坦的传奇故事;2009年,当甲型H1N1流感在世界各地传播着恐慌之际,《大流感——最致命瘟疫的史诗》成为人们获得流感的科学和历史知识的首选读物;2013年,《希格斯——"上帝粒子"的发明与发现》在8月刚刚揭秘希格斯粒子为何被称为"上帝粒子",两个月之后这一科学发现就勇夺诺贝尔物理学奖;2017年关于引力波的探测工作获得诺贝尔物理学奖,《传播,以思想的速度——爱因斯坦与引力波》为读者展示了物理学家为揭示相对论所预言的引力波而进行的历时70年的探索……"哲人石丛书"还精选了诸多顶级科学大师的传记,《迷人的科学风采——费恩曼传》、《星云世界的水手——哈勃传》、《美丽心灵——纳什传》、《人生舞台——阿西莫夫自传》、《知无涯者——拉马努金传》、《逻辑人生——哥德尔传》、《展演科学的艺术家——萨根传》、《为世界而生——霍奇金传》、《天才的拓荒者——冯·诺伊曼传》、《量子、猫与罗曼史——薛定谔传》……细细追踪大师们的岁月足迹,科学的力量便会润物细无声地拂过每个读者的心田。

"哲人石丛书"经过20年的磨砺,如今已经成为科学文化图书领域的一个品牌,也成为上海科技教育出版社的一面旗帜。20年来,图书市场和出版社在不断变化,于是经常会有人问:"那么,'哲人石丛书'还出下去吗?"而出版社的回答总是:"不但要继续出下去,而且要出得更好,使精品变得更精!"

"哲人石丛书"的成长,离不开与之相关的每个人的努力,尤其是各位专家学者的支持与扶助,各位读者的厚爱与鼓励。在"哲人石丛书"出版20周年之际,我们特意推出这套"哲人石丛书珍藏版",对已出版的品种优中选优,精心打磨,以全新的形式与读者见面。

阿西莫夫曾说过:"对宏伟的科学世界有初步的了解会带来巨大的满足感,使年轻人受到鼓舞,实现求知的欲望,并对人类心智的惊人潜力和成就有更深的理解与欣赏。"但愿我们的丛书能助推各位读者朝向这个目标前行。我们衷心希望,喜欢"哲人石丛书"的朋友能一如既往地偏爱它,而原本不了解"哲人石丛书"的朋友能多多了解它从而爱上它。

上海科技教育出版社

2018年5月10日

"哲人石丛书"：20年科学文化的不懈追求

◇ 江晓原(上海交通大学科学史与科学文化研究院教授)

◆ 刘兵(清华大学社会科学学院教授)

◇ 著名的"哲人石丛书"发端于1998年，迄今已经持续整整20年，先后出版的品种已达128种。丛书的策划人是潘涛、卞毓麟、翁经义。虽然他们都已经转任或退休，但"哲人石丛书"在他们的后任手中持续出版至今，这也是一幅相当感人的图景。

说起我和"哲人石丛书"的渊源，应该也算非常之早了。从一开始，我就打算将这套丛书收集全，迄今为止还是做到了的——这必须感谢出版社的慷慨。我还曾向丛书策划人潘涛提出，一次不要推出太多品种，因为想收全这套丛书的，应该大有人在，将心比心，如果出版社一次推出太多品种，读书人万一兴趣减弱或不愿一次掏钱太多，放弃了收全的打算，以后就不会再每种都购买了。这一点其实是所有开放式丛书都应该注意的。

"哲人石丛书"被一些人士称为"高级科普"，但我觉得这个称呼实在是太贬低这套丛书了。基于半个世纪前中国公众受教育程度普遍低下的现实而形成的传统"科普"概念，是这样一幅图景：广大公众对科学技术极其景仰却又懂得很少，他们就像一群嗷嗷待哺的孩子，仰望着高踞云端的科学家们，而科学家则将科学知识"普及"(即"深入浅出地"单向灌输)给他们。到了今天,中国公众的受教育程度普遍提高,最基础的科学教育都已经在学校课程中完成,上面这幅图景早就时过境迁。传统"科普"概念既已过时,鄙意以为就不宜再将优秀的"哲人石丛书"放进"高级科普"的框架中了。

◆ 其实,这些年来,图书市场上科学文化类,或者说大致可以归为此类的丛书,还有若干套,但在这些丛书中,从规模上讲,"哲人石丛书"应该是做得最大了。这是非常不容易的。因为从经济效益上讲,在这些年的图书市场上,科学文化类的图书一般很少有可观的盈利,出版社出版这类图书,更多地是在尽一种社会责任。

但从另一方面看,这些图书的长久影响力又是非常之大的。你刚刚提到"高级科普"的概念,其实这个概念也还是相对模糊的,后期,"哲人石丛书"又分出了若干子系列,其中一些子系列,如"科学史与科学文化系列",里面的许多书实际上现在已经成为像科学史、科学哲学、科学传播等领域中经典的学术著作和必读书了。也就是说,不仅在普及的意义上,即使在学术的意义上,这套丛书的价值也是令人刮目相看的。

与你一样,很荣幸地,我也拥有了这套书中已出版的全部,虽然一百多部书所占空间非常之大,在帝都和魔都这样房价冲天之地,存放图书的空间成本早已远高于图书自身的定价成本,但我还是会把这套书放在书房随手可取的位置,因为经常会需要查阅其中一些书,这也恰恰说明了此套书的使用价值。

◇ "哲人石丛书"的特点是:一、多出自科学界名家、大家手笔;二、书中所谈,除了科学技术本身,更多的是与此有关的思想、哲学、历史、艺术,乃至对科学技术的反思。这种内涵更广、层次更高的作品,以"科学文化"称之,无疑是最合适的。在公众受教育程度普遍较高的西方发达社会,这样的作品正好与传统"科普"概念已被超越的现实相适应。

所以"哲人石丛书"在中国又是相当超前的。

这让我想起一则八卦：前几年探索频道（Discovery Channel）的负责人访华，被中国媒体记者问到"你们如何制作这样优秀的科普节目"时，立即纠正道："我们制作的是娱乐节目。"仿此，如果"哲人石丛书"的出版人被问到"你们如何出版这样优秀的科普书籍"时，我想他们也应该立即纠正道："我们出版的是科学文化书籍。"

这些年来，虽然我经常鼓吹"传统科普已经过时"、"科普需要新理念"等等，这当然是因为我对科普作过一些反思，有自己的一些想法。但考察这些年持续出版的"哲人石丛书"的各个品种，却也和我的理念并无冲突。事实上，在我们两人已经持续了17年的对谈专栏"南腔北调"中，曾多次对谈过"哲人石丛书"中的品种。我想这一方面是因为丛书当初策划时的立意就足够高远、足够先进，另一方面应该也是继任者们在思想上不懈追求与时俱进的结果吧！

◆ 其实，究竟是叫"高级科普"，还是叫"科学文化"，在某种程度上也还是个形式问题。更重要的是，这套丛书在内容上体现出了对科学文化的传播。

随着国内出版业的发展，图书的装帧也越来越精美，"哲人石丛书"在某种程度上虽然也体现出了这种变化，但总体上讲，过去装帧得似乎还是过于朴素了一些，当然这也在同时具有了定价的优势。这次，在原来的丛书品种中再精选出版，我倒是希望能够印制装帧得更加精美一些，让读者除了阅读的收获之外，也增加一些收藏的吸引力。

由于篇幅的关系，我们在这里并没有打算系统地总结"哲人石丛书"更具体的内容上的价值，但读者的口碑是对此最好的评价，以往这套丛书也确实赢得了广泛的赞誉。一套丛书能够连续出到像"哲人石丛书"这样的时间跨度和规模，是一件非常不容易的事，但唯有这种坚持，也才是品牌确立的过程。

最后，我希望的是，"哲人石丛书"能够继续坚持以往的坚持，继续高质量地出下去，在选题上也更加突出对与科学相关的"文化"的注重，真正使它成为科学文化的经典丛书！

2018年6月1日

有时我觉得，对我一生中发生的所有这一切的一种更合理的解释是，我好像依然只有13岁，读着凡尔纳（Jules Verne）或威尔斯（H. G. Wells）的作品，悄然进入梦乡。

——乌拉姆（Stanislaw Ulam），

《一个数学家的奇遇》（1976年）

乌拉姆保持着精确数学猜想的最佳记录，他在博弈中能够击败一群工程师。他能抓住稍纵即逝的特征和事件，他是一位无与伦比的学者，一位先知。

——罗塔（Gian-Carlo Rota），

"纪念斯坦尼斯拉夫·乌拉姆"，

《美国数学学会通告》（1989年）

对本书的评价

◇

在《隐秩序》一书中，霍兰为读者讲述了21世纪科学中最激动人心的部分。作为遗传算法和"回声"模型的创始人，他清晰而风趣地解释了复杂适应系统(特别是基于计算机的CAS)的重要性质。沿此道路，他为经济学、生态学、生物演化和思维研究都提供了非常宝贵的洞见。

——盖尔曼(Murray Gell-Mann)，

1969年诺贝尔物理学奖得主

◇

《隐秩序》是一部里程碑式杰作，是霍兰几十年关于主体系统如何演化、适应、凝聚、竞争、合作，以及与此同时如何创造极大的多样性和新颖性等深刻思想的完美浓缩。所涉原理数目很少、很一般，但又极优美。霍兰杰出而活跃的心智从经济学跳跃到免疫学，再到生态学、神经病学和博弈论，然后再返回来。这些具有强有力洞见的大师般综合为研究复杂性如何涌现和适应设定了一个路标，所有试图理解现在称作"复杂性"之大综合的人们，将长期把它作为指路灯塔。

——侯世达(Douglas Hofstadter)，

《哥德尔、艾舍尔、巴赫——集异璧之大成》的作者

内容提要

　　像艾滋病这样的疾病为何能够摧毁免疫系统?像纽约、东京这样的大城市,如何能够不间断地保障食品、医疗、服饰和数百万种居民必需品的供给? 这类高度复杂系统的运作仍然是一个谜。但是通过霍兰及其同事在圣菲研究所和密歇根大学的工作,现在已经接近找到一种解答。

　　作为遗传算法之父和复杂性科学的先驱者之一,霍兰从一开始就处于复杂适应系统(CAS)这一新兴研究领域的中心。

　　这部里程碑式著作为这一崭新领域首次提供了一种协调一致的综合,展示了霍兰的独特洞见。本书强调寻找支配CAS行为的一般原理,注重扩展众多科学家的直觉。书中提供了一个适用于全部CAS的计算机模型。霍兰通过描述我们能够做什么,总结了如何增强对CAS的理论认识。他提出的若干理论方法,可以指导人们对付耗尽资源、置我们世界于危险境地的棘手的CAS问题。

作者简介

　　约翰·H.霍兰(1929—2015),遗传算法的发明人,密歇根大学计算机科学与电子工程教授兼心理学教授,著名的麦克阿瑟研究奖获得者,圣菲研究所指导委员会主席之一;著有《自然系统和人工系统中的适应》《涌现——从混沌到有序》等书。

目　录

中文版序

我对中国文化的了解,大都来自一些翻译作品,以及通过与我曾经共过事的攻读博士学位的中国留学生和中国朋友的交谈。我只知道为数不多的几个中国象形文字,根本看不懂中文。尽管这种过滤产生了不可避免的损失,我所得到的感受还是非常美妙的。如果感受不到中国的绘画、书法和诗歌,我的文化生活也许会显得贫乏。

可以举出这样一件事作为例证。中国古代贤士的绘画作品中,山边溪流旁常伴有美妙的亭台楼阁,我建在密歇根湖北岸的山中别墅就受到了这一风格的影响。我本能地意识到,这种布局将激发灵感,事实也确实如此。湖光从我书房的南边直射进来,湖水碧波荡漾,环绕书房的松林中的微风像是优美的缪斯(Muse)女神。对我来说,没有任何干扰的时光是进行研究的必要条件:当追逐一些新的想法时,我几乎是一个"独行者";而到最后完成阶段,我就喜欢与别人辩论。

你们即将读到的这本书,主要介绍了交叉学科比较以及它们所唤起的隐喻,在未来的复杂适应系统研究中所起的关键性作用。我相信,丰富的隐喻和类比,是创造性的科学和诗歌的核心。虽然《隐秩序》没有刻意追求这个主题,但我一直在思考这件事,我的下一部书《涌现性》对此信念将作解说。大多数科学家都认同隐喻和模型的作用,但深入地描述其作用的则是寥寥无几,麦克斯韦(James Clerk Maxwell)是一个伟大的例外。

就我所掌握的有限的知识而言,对于隐喻,中国语言提供了欧洲语言所无法比拟的可能性。最近,我看过的一部中国电影(有英文字幕),

证实了这一点。影片的一个主要角色是一名学生,他的名字是"明",随着故事的推演,中国象形文字"明"的组成对剧情发展起到了很重要的作用。"明"翻译成英文为"brilliant",无论是中文还是英文,该字都隐喻了"非常聪明"的意思。但是,该字的中文由象形文字"日"和"月"组成,所以,中文的"明"字就给了我们更多的寓意,这在由字母组成的"brilliant"中是找不到的,即使去查看英语词汇的字根。中文文字的隐喻能否进一步推动我们对科学的探讨?这是一个十分有趣的想法。

当我还是一个年轻学者的时候,我曾读过菲诺罗莎(Ernest Fenollosa)的随笔《作为诗歌载体的中国书写文字》,书中给出了更为复杂的隐喻的例子。虽然现在看来,那篇随笔并非完美无缺,但当时却激发了我的很多灵感,如今依然。菲诺罗莎提到了三个象形文字"人见马",这三个字给我们传递的隐喻,对于"诗歌作品"真是妙不可言。他说:"这三个字似乎都有腿。它们简直是活的。"它们表达出的动作和连续的过程,英语根本无法做到。在我所知道的艺术家中,只有克利(Paul Klee)尝试着用字母来传递一些类似的东西。(他的名字从德文翻译到英文意思为"红花草",这一点确实令我欣慰。)

虽然我对中国文化的了解很有限,但还是很容易联想到了另外一个极好的有关隐喻的例子。中国园林牢牢地抓住人的视觉、听觉和嗅觉,这在"西方"园林中是很少见的,除非它们是仿照中国园林而建成的。这种丰富的想象,一旦发展成为意识,就能激发出更深刻的思想,这与巴赫赋格曲中声音的交互作用所带来的灵感有着异曲同工之妙。还有,在围棋中有一种非常有效的方法,利用难以被对方察觉的巧妙招数来加以实现,在这里,孙子的警句"形兵之极至于无形"成为一种指导思想和策略。列举的所有这些例子,都促使我去探讨它们之间更为深远的联系。

我并不是故意削弱西方传统中基于规则的方法。2500多年前古希腊初期米利都的泰勒斯(Thales of Miletus)就开始引入其坚实的化身,这确实是令人惊叹之事。从那时候起,我们就开始寻找宇宙间"合法的"东西。自泰勒斯开始,我们沿着演绎、符号数学和科学理论的方向走过了漫长的道路。然而,这些方法对激发创造性过程的隐喻想象增加了约束,正如格律和韵脚对西方诗歌起了约束作用一样。

真正综合两种传统——欧美科学的逻辑—数学方法与中国传统的隐喻类比相结合,可能会有效地打破现存的两种传统截然分离的种种限制。在人类历史上,我们正面临着复杂问题的研究,综合两种传统或许能够使我们做得更好。

有一部德国作品黑塞(Hermann Hesse)的《玻璃球游戏》证实了这一点,作者熟知东方传统文化。该部作品使黑塞赢得了诺贝尔文学奖。书中有一章将"中国屋游戏"描述为一群虚幻的学者进行的一场"重要的游戏"。我希望我能活着看到首次在计算机上实现的"玻璃球游戏"。

在此文的最后一段,我要说的是,中国学者认为我的著作值得他们将其翻译为本国文字,对此我感到非常荣幸。这是我年轻时做梦都想不到的事,并且,正如你们在前面所看到的,这对我来说是一种奖赏。无巧不成书,参与翻译本书的其中一位学者周晓牧副教授,现在正在密歇根大学作一年的访问学习;她还选听了我所讲授的"复杂与涌现"这门课。该课是小型的,以美国课堂传统的方式,注重互相交流,晓牧与其他学生一起参与了讨论。因此,我可以从中了解她对该课题的理解。她在各方面做得都很好。其他三位直接参与本书翻译和审校的是中国人民大学信息学院的陈禹教授、方美琪教授以及现在是宾夕法尼亚大学研究生的韩晖。虽然我只是通过晓牧间接了解了他们,但我非常感谢他们所做的一切。我希望你们会发现，本书值得这些中国学者们的努力。

约翰·霍兰

2000年5月

乌拉姆系列讲座说明

    本书是基于在圣菲研究所(位于新墨西哥州的圣菲)举办的乌拉姆(Stanislaw M. Ulam)纪念讲座写成的系列著作的第一种。为了纪念具有传奇色彩的波兰学派的大数学家乌拉姆,圣菲研究所和艾迪生—威斯利出版公司联合资助了这些年度特邀讲座。乌拉姆1935年来到(普林斯顿)高等研究院,先后在哈佛大学、威斯康星大学和科罗拉多大学工作。更重要的是,他参与了洛斯阿拉莫斯国家实验室的创建,从1944年到1984年去世,他在那里一直是智力与灵感的重要来源,他无与伦比地促进了数学与自然科学的紧密结合。

    作为一名数学家,乌拉姆与库拉托夫斯基(Kazimierz Kuratowski)、马佐(Stanislaw Mazur)、巴拿赫(Stefan Banach)、冯·诺伊曼(John von Neumann)和埃尔德什(Paul Erdös)齐名,成就遍及数学许多领域。但更重要的是,他是一位有多种兴趣的科学家,与那个时代的许多大科学家合作过。他和他的同事们所做的课题中有许多是奠基性的工作,包括蒙特卡罗方法、非线性动力学系统的计算机模拟、热核过程、空气推进、生物序列的测定、元胞自动机等等。在他科学界的朋友与合作者名单中有许多20世纪最伟大的人物。乌拉姆对科学的兴趣并没有人为的界线,他的方法是真正学科交叉的。诚如乌拉姆夫人弗朗索瓦丝(Françoise Ulam)所说:"斯坦是一人圣菲研究所。"他可能会喜欢这个研究所交叉性的、交互式的学术气氛,并可能贡献更多。他不幸在圣菲研究所正式成立的日子里离开人世,这是我们的一个巨大损失。

西蒙斯(L. M. Simmons, Jr.),

圣菲研究所学术事务部副董事长

乌拉姆夫人的开场白

今晚我非常荣幸在这里与大家一同庆祝圣菲研究所创建 10 周年。在此我愿向研究所的创始人、我的好朋友考恩（George Cowan）先生，研究所的领导者纳普（Ed Knapp）先生和西蒙斯（Mike Simmons）先生，以及其他所有参与发起这项纪念我丈夫的新的系列研究所讲座的人们，表示感谢和钦佩。

对于那些不了解斯坦的人，请允许我简单介绍几句。

某种意义上，斯坦是一人圣菲研究所，因为他追求的恰是学科的交叉性。但那是在很久以前，他的观点并不被认同。

如果今天他还活着，他会喜欢圣菲研究所这种松散的不拘一格的组织形式，因为他对官僚和权威不感兴趣。他喜欢说，自己唯一服务过的委员会是哈佛的初级会员品酒委员会。

在洛斯阿拉莫斯，他与理论部的领导马克（Carson Mark）曾说服国家实验室，创建并使用一种跨办公室的备忘录，上面按字母顺序列出一百个"快速简明指南"。

当他被提升为小组的头头时，他高兴地发现，他给自己当领导，小组里只有他自己。因为开始的时候，他是他的小组的唯一成员。

你瞧，斯坦是位很爱玩的人。在考虑数学思想和发明数学游戏时，他从不把思考当成"工作"，而是当成"玩"。他也很喜欢字谜游戏。

今晚讲座有个聪明的主题"复杂创造简单"（Complexity Made Simple），我想这会令斯坦很高兴，因为这正是他所喜欢的那种悖论。好了，我不再多说了。我要把讲坛交给下一位发言者，让我们聆听霍兰以简朴(simple)语言向我们解说什么是复杂(complex)系统。

弗朗索瓦丝·乌拉姆

于乌拉姆讲座开幕式

序 言

1993年秋天，圣菲研究所的所长纳普（Ed Knapp）和艾迪生—威斯利出版公司（Addison-Wesley）下属螺旋出版社（Helix Books）当时的主编里普切克（Jack Repcheck）找到我，问我是否可以参与发起乌拉姆系列讲座（Ulam Lectures）。该系列讲座每年举办一次，以纪念20世纪著名的波兰数学家乌拉姆。讲座的对象是普通的科学爱好者，演讲内容将被整理成书出版，以便永久保存。虽然我对研究所的事务颇为积极，但这个要求还是令我深感意外。

起初，我非常担心，因为演讲计划于1994年上半年举行，待出版的书稿要在当年的夏末交出，时间非常紧迫。然而，这个建议确实有几点令我心动。

第一点是我一直非常崇拜乌拉姆所从事的工作。在学生时代，我特别仰慕几位当代科学家的工作及他们的才干。他们是冯·诺伊曼、费舍尔（Ronald Fisher）和奥本海默（Robert Oppenheimer）。在探索冯·诺伊曼的研究工作的广阔领域的时候，乌拉姆这个名字反复出现在我所感兴趣的地方。因此，我开始了解他的工作。乌拉姆的科学方法开始吸引我。在拜读了他于1976年出版的《一个数学家的奇遇》后，我产生了强烈的共鸣。[有一段时间，我曾坚信，创造威尔斯（Wellsian）形象的波兰科幻小说作家列姆（Stanislaw Lem）就是乌拉姆的笔名。]所以，当我得到可以在洛斯阿拉莫斯当一年乌拉姆访问学者的机会时，由于这将有机会了解他的事业和工作环境，我立即接受了这个提议。这是我有幸与他会面的仅有的一段时间。后来，当乌拉姆夫人弗朗索瓦丝将乌拉姆的私人图书馆捐赠给圣菲研究所时，我欣喜地发现我的藏书与他的有很多共同之处。这简直就是我的图书馆！

这些共同的想法激励我下决心做目前这项工作。当我开始严肃思考到底该做些什么的时候，我意识到，演讲是一个绝好的机会。它可以用来阐述一些从直觉中得到的模式，以及从研究生时代起就指导我从事研究的那些想法。由于演讲是面向普通听众，这就要求做到通俗易懂和条理清楚，而不必过分关注专门的工作。这确实是不容放过的挑战。

还有一件使我动心的事。我在密歇根湖北岸的山中别墅刚刚完工，这可是安心写作的好地方。多么诱人的机会！当然还有些其他的原因，包括可以有一笔可观的收入，但这些因素在我的决策过程中并不很重要。

本书讨论的中心议题，是近来备受关注的一个领域：复杂性（complexity）。早在这个主题流行、甚至被命名前，乌拉姆就多次谨慎地对复杂性进行过精辟的描述。这本书中的很多论点都在乌拉姆的论述中出现过。在写这本书的过程中，我把重点放在复杂性的一个侧面——围绕"适应性"（adaptation）的复杂性上，这一领域现在被称为"复杂适应系统"（complex adaptive systems，简称CAS）研究。我认为，由适应性产生的复杂性极大地阻碍了我们去解决当今世界存在的一些重大问题，读者将会在本书中看到有关的内容。

我不想对有关CAS的工作做总结性的回顾，也不想评论其他的方法。我只是把我所做的工作总结成关于一门未成熟的学科的单一的并且一致的观点。最终书稿的内容显得有些怪异，尽管我在圣菲研究所的很多同事都赞同书中的大部分观点。在尽量有条不紊地叙述的同时，我尝试着把一位科学家开创一门新学科的感觉写出来。"做科学研究"，特别是要把一些不相关的想法综合起来，并不像通常写出来的那么神秘。科学家所受的训练和其兴趣起着决定性作用，但他们从事的活动对进行过创造性工作的人来说并不陌生。

这里所陈述的观点都在与两个相关的学术小组的定期交流中反复磋商过。这两个小组在我的科学研究生涯中起着十分重要的作用。我与密歇根大学的BACH小组交往最长（现有成员是Arthur Burks，Robert Axelrod，Michael Cohen，John Holland，Carl Simon和Rick Riolo）。我们在20多年的时间里定期会面，小组中的4位成员自始至终很积极地参与。BACH是高度跨学科的，成员来自5个系，而且是极其非正式的，没有花名册，学校的组织机构表中也找不到。本书中几乎每个想法都在BACH小组中反复讨论过。

当然，第二个小组，即圣菲研究所（Santa Fe Institute，简称SFI），在我的观点形成中起着关键作用。与BACH小组相比，我与SFI的交往时间比较短，但其重要性并不逊色。SFI鼓励进行深入的跨学科研究，比我遇到的其他任何组织都更为有效。从研究生的角度看，我就认为SFI鼓励的那种学术交流，对科学家的活动而言，犹如"面包加黄油"，至少也是"装饰品"。确实，那是非常罕见的情况。通常在大学里，顾问和管理委员会、寻求资助和基金管理机构、各系之间和院校间为拟议的跨学科活动和合作所进行的协商等等，占去了大量时间。除了教学和写论文这些首要职责，几乎没有时间开展跨学科的探索。SFI则始终如一地为大学很难做到的跨学科研究提供机会。由于考恩（George Cowan）的远见卓识和细致入微的组织工作，SFI诞生了，并随即扩张，形成了一个善于倾听和表达的科学家顾问团。沃尔德罗普（Mitch Waldrop）在他1992年出版的《复杂性》中描绘了这些情况，此处不再赘述。SFI提供了我自学生时代就一直憧憬的那种科学研究环境，指出这一点就足够了。

最终引导我与SFI交往的事件是，法默（Doyne Farmer）邀请我在洛斯阿拉莫斯国家实验室的"非线性研究中心"年会上做一次讲演。正是那次会议，我第一次被引见给盖尔曼（Murray Gell-Mann）。他后来邀请我加入SFI的顾问团,持续的相互影响由此产生。这种联系使我结识了一位朋友兼批评家。在试图达到盖尔曼的解释标准时,我意识到自己正在通过加深CAS的基础和拓宽它的适用性,反复改进有关CAS的思想。这一切都是令人振奋的实践,虽然这不代表最后的结论。当然,在SFI,并非只有盖尔曼对我的工作产生影响,还能说出很多人,他们大多数都出现在沃尔德罗普的书中,但公平地说,我认为影响都不及盖尔曼。

几十年来,美国科学基金会始终支持我的工作,无论当初我只是密歇根大学"计算机逻辑小组"的一名成员、伯克斯(Arthur Burks)为主要研究者的时候,还是几年后伯克斯和我共同担任主要研究者的时候。当我还是密歇根大学一名年轻教员时,伯克斯就用他的威望使我所希望的跨越学校传统体制的做法获得成功。40多年来,他一直是我的良师益友。

最近,麦克阿瑟基金会推举我为麦克阿瑟会员(指受到资助)。盖尔曼和他的妻子马西娅(Marcia)通知我获此殊荣。(他们打电话告诉我时,我正在洗澡。)我真是无法描述当时的快感和获奖的欢欣。无论如何,它所给予的资助促使我在研究中可以更为大胆些。在决定是否接手一些具有不确定回报的长期项目(如这本书的写作)时,就容易一些了。

如果我不提及乌拉姆夫人弗朗索瓦丝对"乌拉姆讲座"的贡献,就太不应该了。读者可在本书开头读到她的开场白,但其魅力纸面词句难以言传。我第一次见到乌拉姆夫人,是在演讲开始前的接待室里,我们进行了内容广泛的交谈。她的风度和智慧令接待室里的谈话顿时满堂生辉,使人感到畅快。不难看出在乌拉姆的研究和生活中的每一个侧面都有她的影响,乌拉姆在其自传中曾屡屡提及。

本序言的最后一段,要留给我的妻子莫里塔(Maurita)。她始终充当着睿智的科学爱好者代言人角色。她想方设法帮助我,远远超出了支持和鼓励的范畴。起先，正是莫里塔提出，为本书所描述的CAS模型起名为"回声"（Echo）。其后的章节她也都曾读过多次。或许，她比一般读者更容易接受我的意图，在其他很多方面她能够不偏不倚，提出批评建议。如果读者认为此书条理清晰、语句流畅，那么，这全要归功于她。

约翰·霍兰

1995年4月于密歇根州加利弗

第一章

基本元素

在纽约市一个普普通通的日子里,小姑娘彼得逊(Eleanor Petersson)走进她熟悉和喜爱的商店,直奔其中的一排货架,拿起一罐腌鲱鱼。她有把握地断定,鲱鱼就会在那儿。是的,形形色色的纽约人每天消耗着大量的各种食品,全然不必担心供应可能会断档。并非只有纽约人这样生活着,巴黎、德里、上海、东京的居民也都是如此。真是不可思议,他们都认为这是理所当然的。但是,这些城市既没有一个什么中央计划委员会之类的机构,来安排和解决购买和配售的问题,也没有保持大量的储备来发挥缓冲作用,以便对付市场波动。如果日常货物的运输被切断的话,这些城市的食品维持不了一两个星期。日复一日,年复一年,这些城市是如何在短缺和过剩之间,巧妙地避免了具有破坏性的波动的呢?

我们观察大城市千变万化的本性时,就会陷入更深的困惑。买者、卖者、管理机构、街道、桥梁和建筑物都在不停地变化着。看来,一个城市的协调运作,似乎是与人们永不停止的流动和他们形成的种种结构分不开的。正如急流中一块礁石前的驻波,城市是一种动态模式。没有哪个组成要素能够独立地保存不变,但城市本身却延续下来了。我们再一次提出前面的问题:是什么使得城市能够在灾害不断而且缺乏中央规划的情况下保持协调运行。

对于这个问题目前有些现成的标准答案,但是事实上它们并没有解开这个谜。例如可以说,是亚当·斯密(Adam Smith)的"看不见的手",或人们的社交,或习俗,保持了城市的协调运行。然而,我们必然要进一步发问:它是如何做到这一点的?

还有一些动态模式也给人们带来同样的困惑。例如,当我们观察显微镜下的世界时,会发现另一些群落,其每个部分都与纽约市一样复杂。人体免疫系统就是这样的一个群落,它由大量快速活动着的被称为**抗体**的单位组成,这些抗体不断地抵抗或摧毁不断变化的被称作**抗原**的入侵者。这些入侵者基本上是各种不同类型的生物化学物质、细菌和病毒。它们形态各异,像雪花那样变化多端。由于这种多样性,并且由于新的入侵者总是不断出现,免疫系统不可能简单地列举出所有可能的入侵者。随着新的入侵者出现,免疫系统必须使抗体改变自身或者去适应新的入侵者,而从来不保持于某种固定的构型。尽管有着变化多端的本性,免疫系统仍然保持着很强的协调性。确实,你的免疫系统的协调性足以为你的**身份**提供一个令人满意的科学定义。每个人的免疫系统都与别人的不同,以至于会排斥其他人的细胞。因此,即使是从兄弟姐妹身上进行皮肤移植,也还需要做特别的测试。

免疫系统是怎样如此敏锐地不断完善其特性的呢?另一方面,又是什么原因使得这种特性在某些情况下变得脆弱呢?比如,像艾滋病这样的免疫性疾病,是如何成功地摧毁这种特性的呢?当然我们可以解释说,识别的正确或错误都是"适应"的结果。但这种适应过程又是"如何"进行的,这一点绝不是显而易见的。

搞清楚这两种复杂的群落得以持续生存和正常运行的机制,并不只是一种学术上的探索。一些现实问题,如阻止市中心衰败和控制艾滋病这类疾病,就有赖于对这些问题的认识。一旦我们了解到这一点,就不难看出，对于其他一些复杂系统我们也面临着类似的疑问，它们也是难以解决的棘手问题。

试看哺乳动物的中枢神经系统（central nervous system，简称CNS）。与免疫系统一样，CNS由大量叫作神经元的细胞构成，它们呈现出多种形式。哪怕是一个简单的CNS，也含有几亿个神经元，其类型有几百种之多，而且每个神经元都直接与几百个，甚至几千个其他的神经元组成复杂的网络。能量的脉冲迅速遍及整个网络，产生了谢林顿（Charles Sherrington）所说的"魔幻阴影"。这个网络与免疫系统十分相似，它显示出聚集涌现的特性。它能够快速**学习**，而且异常熟练。虽然神经元个体的活动本身就十分复杂，但是很显然，CNS聚集特性的行为，比这些神经元个体活动的总和要复杂得多。CNS的行为更多依靠的是**相互作用**，而不只是个体的行为。几亿个神经元，每一个都会在千分之几秒的时间里，与其他的神经元同时发生几千次相互作用。如此大量的相互作用远远超出我们与机器打交道的情形。这样看来，最复杂的计算机，也只不过是比自动化算盘略胜一筹而已。无数的相互作用，通过了解外界环境的变化不断调整自身，从而产生了犬科动物、猫科动物、灵长目动物和其他哺乳类动物特有的各种技能，以便通过模拟环境，对其行为结果作出预期。

经过一个多世纪的不懈努力，我们至今还不能构建模拟CNS许多基本功能的模型。我们不能构造出它们的行为模型，不能把我们不熟悉的复杂情形解析为我们熟知的元素，更不用说将其构建成为基于经验的内部模型了。分布式的、形形色色的CNS与我们称之为意识的现象之间的关系至今还不清楚。这些谜使我们在治疗精神疾病方面缺少理论指导。

生态系统与免疫系统或CNS一样，也有着很多类似的特性和类似的不解之谜。它们呈现出同样惊人的多样性。我们还没有能够分析出

1立方米的温带土壤中有机体的所有种类,更不用说热带雨林中的物种了。生态系统不断地变化着,呈现出绚丽多姿的相互作用及其种种后果,如共生(mutualism)、寄生(parasitism)、生物学"军备竞赛"和拟态(mimicry)等等(后面还将详述这些内容)。在这个复杂的生物圈里,物质、能量和信息等结合在一起循环往复。事实再次应验了这一点,整体大于部分之和。即使我们对绝大多数物种的活动进行了分类,我们还远远未能认识生态系统中种种变化之效应。例如,热带雨林的巨大财富与其土壤的贫瘠程度形成了鲜明的对比。只有一次次经过一系列复杂的相互作用,通过整个系统使稀缺的养分反复循环,热带雨林才得以维持它的多样性。

只有我们真正认识了这些复杂的、不断变化的相互作用,在生态系统所能承受的限度内开发利用其资源,我们所做的维持生态系统平衡的努力才能最好地保护自然。作为人类,我们的人口太多了,已经全方位地改变了生态的相互作用,然而我们对其长期效应还是一知半解。但是,我们的健康,甚至我们的生存,都将有赖于我们能够合理利用这些系统,而不是破坏它们。把热带雨林变成耕地,或所谓"有效地"开发海洋渔业的做法,随着时间的推移,已经呈现出越来越严重的后果。

面对变化,其他许多复杂系统也显示出协调运作性。在这方面,我们还将考察另外的一些系统。我们能够从中抽取一些共性。例如,我们可以看到,每个系统的协调性和持存性都依赖于广泛的相互作用、多种元素的聚集,以及适应性或学习。我们还注意到,现代社会中的许多令人困惑的问题,如市中心衰败、艾滋病、精神病、生物系统的可持续性等,都会持续存在下去,直到我们真正弄明白了这些系统的机制。我们将看到,经济系统、因特网、发育的胚胎各自面临着贸易平衡、计算机病毒、出生缺陷等挑战,这些挑战从机制上看,是有许多类似之处的。当然,我们也还会遇到其他一些问题。

虽然这些复杂系统在细节上有所不同,但是,在发展变化中的协调性问题,对每个系统而言都是主要的不解之谜。这个共同点非常重要,以至于在圣菲研究所,我们把这些系统冠以一个共同的名称——**复杂适应系统(简称CAS)**。这远不只是名词术语的问题。它标志着我们直觉上认为存在着一般原理控制着CAS的行为,这些原理还暗示了解决随后问题的方法。

我们的探索是要抽取出这些一般原理。这个探索处于科学研究的前沿,因此,本书只是开始描绘地图的大致轮廓。地图的大部分还是未知领域,并标有"此处有怪物"。然而,无论如何,我们已进行了相当多的研究,而不只是粗略的比较。在第一章中,我们将会看到一些重要的路标,并初步估计为了广泛地认识复杂适应系统,我们的研究需要什么样的装备。

目标

本书的目的是要探索出一条道路,把我们对CAS的直觉转变成更为深刻的认识。理论是至关重要的。好运偶尔会带来洞见,但并非时时光顾。如果没有理论,我们往往会误入歧途。有了理论,我们就能够把本质与迷人的外表和偶然的特性区分开来。理论给我们提供了前进的路标,使我们开始明白要观察些什么以及该怎么做。

理论帮助认识的一个例子,就是在CAS中标定"杠杆支点"的更原理化的方法。很多CAS都有这样的特性,一个小的输入会产生巨大的、可预期的直接变化——放大器效应。牛痘疫苗就是我们熟知的一个例子。很少的一些抗原(如麻疹病毒)进入我们的血液,就足以刺激免疫系统产生足够的抗体,使我们免于染病。牛痘疫苗就是一个"杠杆",它促使免疫系统了解疾病,并且保存了付出代价的、非常宝贵的"在线"学习过程。在其他CAS中,也有些类似的其他杠杆支点,但迄今为止,我们还没有掌握把它们找出来的综合方法。理论将有希望使我们找到这种方法。

为CAS建立理论是非常困难的,因为CAS的整体行为不是其各部分行为的简单加和,CAS充满了非线性(在本章后面的部分中,很快就会详细说明这一点)。非线性意味着,我们通常使用的从一般观察归纳出理论的工具,如趋势分析、均衡测定、样本均值等等,都失灵了。弥补这个缺陷的最好方法,就是对CAS进行跨学科的比较,以抽取其共性。凭着耐心和洞见,基于这些共同的性质,我们可以构造出一般理论的构件部分。跨学科比较还有一个优点:一些微妙的、在一个系统中很难抽取出来的特性,在另一个系统中可能很突出而且易于考察。本章涉及的7个特性,都是跨学科比较所涉及的,它们是我们深入了解CAS的关键。后面的各章,将把这些特性编织成一个统一理论的有机组成部分。

主体、介主体和适应

在描述7个基本点之前,我应该先说明一般的情况。CAS无例外地皆由大量具有主动性的元素(active element)组成,这一点我们从例子中已经看到。这些元素无论在形式上还是在性能上都各不相同(见图1.1)。设想一下纽约市鳞次栉比的公司和免疫系统中完美运作的抗体。为了说明具有主动性的元素,同时不求助于专门的内容,我借用了经济学中的主体(agent)一词。这个术语是描述性的,应当避免先入之见。

如果我们准备搞明白大量主体的相互作用,我们就必须首先能够描述单个主体的性能。将主体的行为看成是由一组规则决定的,这一

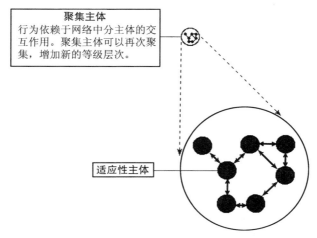

聚集主体
行为依赖于网络中分主体的交互作用。聚集主体可以再次聚集，增加新的等级层次。

适应性主体

图 1.1 复杂适应系统

点很有用。刺激—反应规则（stimulus-response rules）非常典型而且通俗易懂。IF（若）刺激 s 发生，THEN（则）作出反应 r。IF 市场行情下跌，THEN 抛售股票。IF 车胎撒气，THEN 拿出千斤顶。还可以举出很多很多。为了对一个给定的主体定义其刺激—反应规则，我们必须首先描述主体能够收到的刺激和它能够作出的反应（见图 1.2）。

虽然刺激—反应规则的应用范围是有限的，但是可以通过一些简单的方式拓展这个范围。事实上，通过很少的一些变化，应用范围就可以有效地扩大，使得使用一组规则，就能够生成可用计算方法描述的任何行为。在定义这些规则时，我们的意图并**不是**要宣称我们能够在真实主体中明确地找出其规则。规则只不过是用来描述主体策略的一种方便途径。我将在下一章详述针对主体行为的基于规则的方法；现在，我们姑且把它看成是一个描述工具。

任何 CAS 的建模工作，主要都归结为选择和描述有关的刺激和反应，因为各个分主体（component agents）的行为和策略都由此而确定。对中枢神经系统中的主体（神经元）而言，刺激可以是到达每个神经元表面的脉冲，反应则是发出的脉冲。对免疫系统中的主体（抗体）来说，

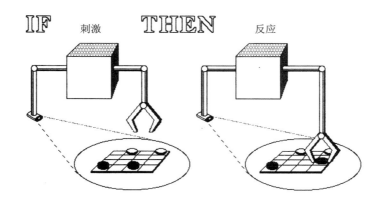

表演（一系列刺激－反应事件）

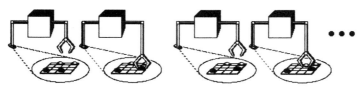

图1.2　基于规则的主体

刺激可以是入侵抗原表面的分子构型,反应则是对抗原表面的不同的黏着(adhesions)。对经济系统中的主体(公司)来说,刺激可以是原材料和货币,反应则是生产出的产品。对其他CAS,我们都可以进行类似的选择。注意,上述每种情况使用"可以"一词是恰当的,因为也可以选择其他的事件和因素。不同的选择强调CAS不同的侧面,也就会得出不同的模型。这里并不存在孰对孰错的问题(虽然模型有时可能会构造得很蹩脚),因为这要看我们当前究竟要解决什么问题。

对一个给定主体,一旦我们指定了可能发生的刺激的范围,以及估计到可能作出的反应集合,我们就已经确定了主体可以具有的规则的种类。然后,按行为的顺序考查这些规则,我们就可以得到主体行为的描述。正是在这一点上,学习或适应的概念开始引入。在安排基本元素表的时候,我们很自然地会想到把"适应"放在首位,因为适应是CAS必不可少的条件。但是,适应是一个非常广泛的话题,它几乎涉及了本书的所有方面。由于本章的重点是CAS的一些特性,所以在这里我只是对适应进行了简略的说明,而把对它的详细讨论放在下一章。

从生物学角度说,适应是生物体调整自己以适合环境的过程。粗略地说,生物体结构的变化是经验引导的结果。因此,随着时间的推移,生物体将会更好地利用环境达到自己的目的(见图1.3)。在这里,我们把这一术语的范围扩大,把学习与相关过程也包括进来。尽管不同的CAS过程具有不同的时间尺度,但适应的概念可以应用于所有的CAS主体。并且,事实上,时间尺度确实因情况而异。在神经系统中,个体神经元发生的适应性变化的间隔从数秒到数小时;免疫系统的适应性变化则需要数小时到数天;商业公司的适应性变化往往需要数月到数年;生态系统的适应性变化,可能需要数年到数千年,甚至更长。一旦重新标度时间,这些情况所涉及的机制是共同的。我们完全可以用一个一般框架拓宽该术语的使用范围(见 Holland,1992),但没有必要现在就叙述得那么详细。这个框架的某些部分将在本书中根据需要

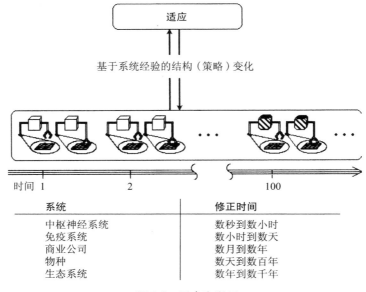

图1.3　适应和学习

进行介绍。

总之,我们将CAS看成是由用规则描述的、相互作用的主体组成的系统。这些主体随着经验的积累,靠不断变换其规则来适应。在CAS中,任何特定的适应性主体所处环境的主要部分,都由其他适应性主体组成,所以,任何主体在适应上所做的努力就是要去适应别的适应性主体。这个特征是CAS生成的复杂动态模式的主要根源。要理解CAS,我们必须理解这些随时间不断变化的模式。本书的其余部分,就是通过在这一粗的框架中加入细节、内容和相关的理论,致力于完善这一理解过程。现在,开始讨论我们所说的7个基本点。

7个基本点

7个基本点包括对所有CAS都通用的4个特性和3个机制。它们并不是从共性表中所能挑选出的仅有的基本点;在某种程度上说,挑选的过程依据挑选人的品味而定。但是,我意识到,所有其他的候选项均可通过这7个基本点的适当组合"派生"出来。在叙述基本点的过程中,我通过强调它们之间的相互作用对它们进行排列,而不是按特性和机制进行分组。

聚集(特性)

在CAS研究中,聚集(aggregation)有两个含义。第一个含义是指简化复杂系统的一种标准方法。我们往往把相似的事物聚集成类(物以类聚)——树、汽车、银行,然后再把它们看成是等阶的。人类很容易用这种方式分析那些相似的情形。我们选择的类总是可以重复使用的,这并不奇怪,我们能把一部小说的情节分解成人们熟悉的一些片段。通过将类重新组合,我们也可以生成我们从未见到过的事物——中世纪的狮身鹰首兽、狮头羊身蛇尾吐火女怪和鸟尾女妖,就是用人们熟知的动物身体的某些部分重新组合而成的。

在这个意义上,聚集是我们构建模型的主要手段之一。我们要决定哪些细节与感兴趣的问题无关,从而忽略它们。这样做的效果是,忽略细节的差异,把事物分门别类。类成为构建模型的构件。应该很清楚,建模过程是一种艺术形式的体现。它依赖于建模者的经验和品味。这非常像画漫画,特别是政治性的连环漫画。建模者(漫画家)必须决定哪些特性要突出(夸张)、哪些特性要剔除(回避),这样才能回答问题(表明政治观点)。

聚集的第二个含义与第一个密切相关,但它更注重CAS**做什么**,而不是我们**怎样**去构建其模型。它涉及,较为简单的主体的聚集相互作用,必然会涌现出复杂的大尺度行为。蚁巢就是一个熟悉的例子。单个蚂蚁的行为很墨守成规,环境一变它就只有死路一条。但是,蚂蚁的聚集——蚁巢,适应性就极强,可以在各种恶劣环境下生存很长一段时间。它非常像由相对不聪明的部件组成的聪明的生物体。在侯世达(Douglas Hofstadter)1979年的奇书中有关于"蚂蚁赋格"的内容*,对此事做了我所读到的最为精辟的描述。其中关于蚁巢的阐述使我们理解了许多更为壮观的涌现现象(emergent phenomena),如大量相互连接的神经元表现出的智能,或者如各种抗体组成的免疫系统所具有的奇妙特征,以及无数细胞类型组成的生物体所具有的惊人的协调性,当然还有大城市的协调性和持存性。

这样组成的聚集又可以成为更高一级的主体——介主体(meta-agents)。这些介主体的相互作用通常可以用它们(第一种含义下)的聚集特性很好地描述出来(见图1.4)。

---

　　* 参见《哥德尔、艾舍尔、巴赫——集异璧之大成》,侯世达著,郭维德等译,商务印书馆,1997年。——译者

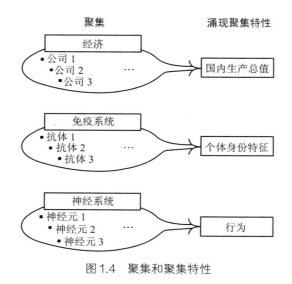

图1.4　聚集和聚集特性

这样一来,我们就会谈及经济上的国内生产总值(GDP),或免疫系统的总体特性,或神经系统的行为。当然,这些介主体能够进行(第二种含义下)再聚集,产生介介主体(meta-meta-agents)。这个过程重复几次后,就得到了CAS非常典型的层次组织。

事实上,第二种含义下的聚集是所有CAS的一个基本特征,且由此所产生的涌现现象,正是CAS最令人捉摸不透的一面。CAS研究取决于我们能否识别出,能使简单主体形成具有高度适应性的聚集体的机制。什么样的"边界"能把这些适应性聚集体区分开来? 主体相互作用在这些边界内如何被引导和协调? 这些相互作用产生的行为如何超越分主体的行为? 如果我们要解开CAS之谜,就必须回答这样一些问题。

标识(机制)

在聚集体形成过程中,始终有一种机制在起作用——在本书中姑且称其为**标识**(tagging)。我们最熟悉的例子就是,用于召集部队士兵或具有相同政治主张的人群的旗帜。标识的一个更为实际的例子是,在因特网上,消息的标题会使公告板或会议组的成员联结起来。还有,"活性位点"这一因素,将使抗体把自己附着在抗原上。这种特定形式标识的最复杂的例子是有关细胞黏附分子(cell adhesion molecules)的讨论,爱德尔曼(Edelman,1988)进行了详细的描述。促使动物进行选择性交配的视觉图案和信息素(pheromones)则是又一个例证。还有促进商业上相互作用的商标、标识语和图标(见图1.5)。十分清楚,在CAS中,标识是为了聚集和边界生成而普遍存在的一个机制。

当我们仔细考察有关标识的不同例子时,发现了一个共性:CAS用标识来操纵对称性。由于对称性极普遍,我们经常使用它们来领悟我

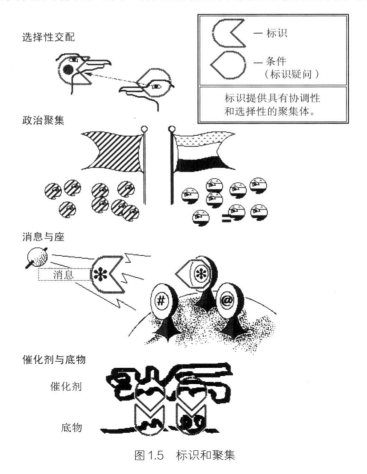

图1.5 标识和聚集

们周围的事物,并构建其模型,有时是完全无意识的。对称性使我们忽略某些细节,把我们的注意力引向别处。外尔(Weyl,1952)*对此进行了细致阐述。能充分体现对称性的一个经典例子,就是完美无缺的球体,如花式台球中的白色母球。母球呈现出完全的旋转对称,任何方向的旋转都产生不了可觉察的变化。如果我们在母球的"赤道"部位加上一个彩条,使它变得接近其他的台球,对称性就被打破了,我们便可以看到先前无法区分的一些现象。例如,当彩条球旋转时,我们可以很容易看到,球的旋转轴是否定义了用彩条标出的赤道。除了定义了母球赤道的绕轴旋转外,绝大多数旋转都会产生显著的变化。也就是说,一些对称被打破,另一些得以保留。总的来说,标识使我们能够观察和领略到以前隐藏在对称背后的特性。

进一步做这个实验,在台球桌上放一组母球,"重击"后它们会高速运动。我们无法区分出其中的各个球,除非有它们运行轨道的详细记录。但是,我们可以再次用标识来打破对称。如果我们在母球中加入一个彩条球,那么即使它在运动中,也能够很容易地跟踪它。

标识能够促进选择性相互作用,因此它是 CAS 中普遍存在的特性。它允许主体在一些不易分辨的主体或目标中去进行选择。设置良好的、基于标识的相互作用,为筛选、特化和合作提供了合理的基础。这就使介主体和组织结构得以涌现,即使在其各部分不断变化时它们仍能维持。总之,标识是隐含在 CAS 中具有共性的层次组织机构(即"主体/介主体/介介主体/……")背后的机制。下文,我们会看到很多有关标识的起源和介入的例子。

---

*《对称》,外尔著,冯承天、陆继宗译,上海科技教育出版社,2005 年。——译者

非线性(特性)

在数学天地之外,很多人不知道,我们的数学工具,从简单的算术、微积分到代数拓扑学,大多数都依赖于线性假设。粗略地说,线性的含义是:将各部分的值相加能得到整体的值。再详细点说,一个**函数**是**线性的**,如果对其变量赋予任何值,函数的值都只是这些值的加权求和。例如,函数 $3x + 5y + z$ 就是线性的。

对一个系统而言,如果其特性是各部分值的一个线性函数,我们说,该系统的数值特性是线性的(相对于系统各部分的赋值)。例如,一架飞机的耗油量 c 是与其速度 v 和高度 x 有关的函数。对于耗油量、高度、速度给定合适的单位,我们就可以建立起如下公式:

$$c = (0.5)v + (-0.1)x。$$

对速度和高度而言,耗油量的变化规律就是线性的。

使用求和法的各种方法,如民意测验、趋势外推或产业统计等,只有在描述系统的线性特性时才是有用的。当系统具有线性特性时,使用数学是非常简单的,以至于人们不惜花费很多精力去验证线性假设。当线性关系不能直接建立时,人们就要到所有的数学分支中去寻找线性函数,使其能对问题给出合理的近似。遗憾的是,这样的努力完全不适合CAS。用这种手段来研究CAS,颇像通过统计棋子在比赛中的移动数据来下象棋。

我通过一个最简单的非线性相互作用,即捕食者群体与被捕食者的数量关系,来说明其困难程度。模型看起来尽管假设是简单的,但能满意地描述真实的数据,如从哈得孙湾公司每年获得的毛皮记录派生出的、有关猞猁间相互作用的长达几个世纪的记录。在构建该模型的过程中,我们为建立数学模型草拟一个典型过程。我们完成时,将会清楚地看到由非线性引起的复杂性。

通常我们观察到,无论是捕食者群体的数量增加,还是被捕食者群体的数量增加,捕食者与被捕食者遭遇的可能性都会增加。用符号来表示,若 U 代表给定1平方千米区域的捕食者数,V 代表同一区域的被捕食者数,则每单位时间(比如说1天)的相互作用数用 cUV 表示,这里的 c 是一个常量,表示捕食者捕猎的效率(比如说,它搜索其领地的平均速率)。如果 $c = 0.5$,$U = 2$,$V = 10$,那么每天每平方千米的遭遇次数为

$$cUV = 0.5(2)(10) = 10(次)。$$

如果捕食者数增加2,$U = 4$,猎物数增加10,$V = 20$,那么,每平方千米遭遇次数将是原来的4倍

$$cUV = 0.5(4)(20) = 40(次)。$$

这个表达式描述了一个最简单的非线性现象,因为它用到了两个变量的**乘积**而不是**和**。也就是说,所有捕食者—被捕食者相互作用不能仅用求两者活动之和而获得。

下一步,要明确考虑群体是随时间的变化。我们用 $U(t)$ 表示在时刻 t 的捕食者群体数;$V(t)$ 表示在时刻 t 的被捕食者群体数。让捕食者群体和被捕食者群体自然生老病死,而不猎食,我们可以扩大捕食者—被捕食者相互作用。用最简单的方法,设所有捕食者的出生率为 b,那么,捕食者在时刻 t 的出生数是 $bU(t)$。用 d 表示死亡率,则在时刻 t 的捕食者死亡数为 $dU(t)$。

如果忽略某一时刻捕食者—被捕食者相互作用,我们可得到捕食者群体数在时间上的变化方式的简单模型。一个单位时间过后,捕食者数就等于:在时刻 t 的捕食者数,减去死亡数,再加上出生数;即

$$U(t+1) = U(t) - dU(t) + bU(t)。$$

事实上,这个方程(加上衰老方面的限额)也是描述人口预测和类似人寿保险费用之类的事件的基础。对于被捕食者,我们用同样的方式可得到相似的方程,

$$V(t+1) = V(t) - d'V(t) + b'V(t),$$

其中 b' 和 d' 分别表示被捕食者的出生率和死亡率(同样不考虑相互作用)。

考虑到捕食者每次捕猎成功后都会有益于它的生存,为了重新说明捕食者——被捕食者相互作用的效果,我们使这个直观的想法进一步具体化。最终,这个过程将对捕食者生育后代产生正面影响。从数学考虑这个想法,引入另一个常量 r,表示将捕获的被捕食者(食物)变成后代的效率。相互作用越多,表明生育越多,因此使用相互作用率 $cU(t)V(t)$,我们得到

$$r\left[cU(t)V(t)\right]$$

作为由于捕食者——被捕食者相互作用导致的出生数增加的数量。那么,捕食者的数量变化就是

$$U(t+1) = U(t) - dU(t) + bU(t) + r\left[cU(t)V(t)\right]。$$

对被捕食者来说,被捕食者猎食增加了死亡数。用 r' 表示相互作用时捕获和死亡的容易程度,我们得到的被捕食者的数量变化就是

$$V(t+1) = V(t) - d'V(t) - r'\left[cU(t)V(t)\right] + b'V(t)。$$

$U(t+1)$ 和 $V(t+1)$ 这一对方程就是著名的洛特卡——沃尔泰拉(Lotka-Volterra)模型(见 Lotka, 1956)。简化和求解洛特卡——沃尔泰拉方程的标准方法表明,捕食者的数量会经历一系列在食物充足和饥荒间的振荡,被捕食者数量也会如此。这个预测被哈得孙湾公司的记录所证实。这种模型的引申能够帮助我们理解:从长期看,为什么捕食者——被捕食者相互作用会呈现出强烈的振荡,而组成城市的相互作用却非常稳定。此时,我们只对非线性在建模时的作用感兴趣。

我们回头再看一下该模型中的相互作用部分。表达式 $cU(t)V(t)$ 实际上是其他许多模型的出发点,包括原子、分子,甚至台球之间的相互作用。为了在最简单的情况下探讨非线性相互作用的效果,我们仍

最简单的相互作用模型采用**随机碰撞**（如原子模型、化学模型和猎食模型）

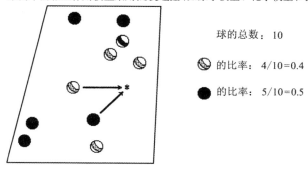

球的总数：10

 的比率：4/10=0.4

 的比率：5/10=0.5

某些碰撞产生了化合物（产品）。导致一种化合物的碰撞比率由（非线性）方程中的**反应率**决定：

[🌑 比率]×[● 比率] × 反应率 = [🌑 比率]
[0.4]   ×   [0.5]   ×   0.5   =   [0.1]

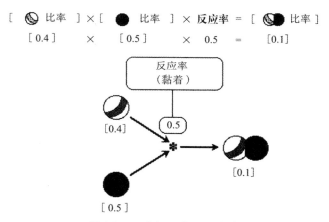

图1.6 一个相互作用的台球模型

以台球为例（见图1.6）。

　　我们把模型限制为3种台球：带有红色彩条的白球、带有黄色彩条的白球和纯蓝色球。假设桌上每种球都有几个，且它们的运动是随机的——有点像"大爆炸"的样子，或者更像持杆"重击"之后的情况。再假设，当碰撞时，"彩条"有时会黏着"单色"，就好像它们表面上有维可牢搭扣（velcro）互相黏附的小钩与小环一样，当然，这只是想象而已。先前的表达式cUV可用来做出"彩条/单色化合球"形式的比率的模型。

　　我们先讨论红色彩条/纯蓝色的组合情况。U是桌上红色彩条球的比例,V是纯蓝色球的比例,而常量c是反应率,它取决于红色彩条/纯蓝色组合的黏着度。用$Z(t)$表示在时刻t红色彩条球黏着纯蓝色球的比例,我们可以得到洛特卡—沃尔泰拉方程较为简单的一种形式,

$$Z(t+1) = Z(t) + cU(t)V(t)。$$

例如,当$Z(t) = 0, U(t) = 0.4, V(t) = 0.5, c = 0.5$时,一个单位时间后,红色彩条/纯蓝色化合球的比例是

$$Z(t+1) = 0 + 0.5(0.4)(0.5) = 0.1。$$

让黄色彩条球的黏着度与红色彩条球的不同,我们可用同样的方法讨论黄色彩条球(见图1.7)。设$W(t)$为黄色彩条球在时刻t的比例,$Y(t)$为在时刻t黄色彩条/纯蓝色化合球的比例,c'为由黄色彩条球的黏着度确定的反应率。那么,像红色彩条球一样,表达式

$$Y(t+1) = Y(t) + c'W(t)V(t)$$

给出了黄色彩条球与纯蓝色球相互作用的结果。若$Y(t) = 0, W(t) = 0.1$,

不同种类的球有不同的反应率:

纯蓝色球　　黄色彩条球　　红色彩条球
　　　　　　　0.5　　　　　0.1

假定我们想知道导致化合球 [和] 的碰撞比率。
通过给整个过程指定一个**聚集(平均)反应率**,我们可否建立一个简单模型?

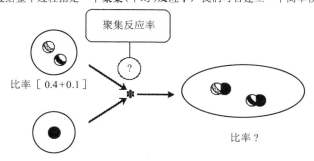

聚集反应率

?

比率 [0.4+0.1]

比率 [0.5]

比率 ?

这一反应聚集彩条球,它只用 { 比率 + 比率} 彩条总比率。
本模型运行:同样总数的彩条球混合,必须产生同样结果。

图1.7　聚集反应

$c' = 0.1$，则

$$Y(t+1) = 0 + 0.1(0.1)(0.5) = 0.005。$$

把两个反应的结果相加，我们能得到彩条/单色化合球的总和(红色彩条/纯蓝色**加上**黄色彩条/纯蓝色)$X(t)$，

$$X(t+1) = Y(t+1) + Z(t+1)$$

$$= Y(t) + Z(t) + cU(t)V(t) + c'W(t)V(t)。$$

用以前给定的数值，我们得到

$$X(t+1) = 0.005 + 0.1 = 0.105。$$

模型的这一部分事实上是线性的——整体等于部分之和!

现在，假如我们通过将彩条球聚集成一类来简化模型。该想法是，用桌上彩条球的总和计算出总的彩条—单色化合球数。即使像目前只有两类球的情况下，这个聚集也把复杂程度(方程的个数)降低了一半。当种类的数字很大时(如考虑一个生态系统或一个城市)，若要对其进行分析，聚集就在可行与不可行之间产生不同的结果。因为聚集方程用单个变量$S(t)$表示种类的**总数**，用一个共同的反应系数c''，并给出一个方程

$$X(t+1) = X(t) + c''S(t)V(t)，$$

因此，模型简化了许多。但是，这个方程的有效性还有一个问题待解决。要使方程有用，我们必须找到一个对所有条带组合都适用的系数c''。

用标准的线性方法，我们对各个彩条—单色的反应比率求其平均，可以得到c''。然而，这正是非线性开始介入的关键所在。考虑两种不同的彩条组合。在组合1中，红彩条球的比例$U = 0.4$，黄彩条球的比例$W = 0.1$；在组合2中，比例恰恰相反，因此$U = 0.1$，$W = 0.4$。在这两种情况下，彩条的总数都是$S = U + W = 0.5$。由于在这两种情况下，方程X的右端相同，所以得到的彩条—单色化合球的比例也相同。但真的是这样吗？两种不同组合的相互作用真的产生相同的彩条—单色化合球总

数吗？

为了搞清楚这一点，我们对这两种组合详细地进行一下计算。对组合1，当$X(t)=0$时，我们已计算出结果，

$$X(t+1)=Y(t+1)+Z(t+1)=0.105。$$

对组合2，我们有

$$X(t+1)=Y(t+1)+Z(t+1)$$
$$=Y(t)+Z(t)+cU(t)V(t)+c'W(t)V(t)$$
$$=0+0+0.5(0.1)(0.5)+0.1(0.4)(0.5)$$
$$=0.025+0.020=0.045。$$

难就难在这里。在彩条总数相同的情况下，两种组合产生了不同的化合球总数，一个是0.105，另一个是0.045。由于**没有**共同的反应系数对两种组合均适用，因此，对聚集部分的共同反应系数求和或求平均都不管用。非线性相互作用使我们无法为聚集反应找到一个统一的、适用的聚集反应率。

现在，我们看清楚了。即使在最简单的情况下，非线性都会干扰用于聚集的线性方法。非线性相互作用几乎总是使聚集行为比人们用求和或求平均方法预期的要复杂得多，这一点是普遍成立的。

流（特性）

流（flows）的概念绝不是只限于液体的运动。平时，我们会说到一个城市的货物流动或两个国家间的资本流动。再复杂一些，我们可以想象有着众多节点与连接者的某个网络上的某种资源的流动。例如，节点可以是工厂，而连接者就是工厂间货物流动的运输线路。类似的｛节点，连接者，资源｝三合一组合也存在于其他的CAS之中。例如，中枢神经系统的｛神经元，神经元连接，脉冲｝；生态系统的｛物种，食物网相互作用，生化作用｝；因特网的｛网站，电缆，信息｝；等等（见图1.8）。

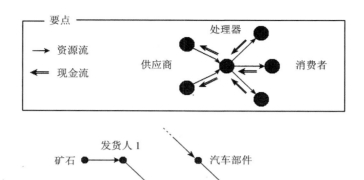

图1.8　流

一般来说,节点是处理器,即**主体**,连接者表明可能的相互作用。在 CAS 中,网络上的流动因时而异;而且,节点和连接会随着主体的适应或不适应而出现或消失。因此,无论是流,还是网络,皆随时间而变化。它们是随着时间的流逝和经验的积累而反映出变易适应性(changing adaptation)的模式。

通过限定关键性的相互作用,即主要的连接,标识总是用来定义网络。标识担当此角色是因为,完善 CAS 的适应过程**挑选**那些有益于相互作用的标识,而排斥造成不良后果的标识。也就是说,带有有益标识的主体会扩大,而带有不良标识的主体会停止生存。后面我们将看到该过程的一些细节。

流在经济学上非常著名的两种特性,对所有 CAS 都很重要。一个是**乘数效应**(multiplier effect)(见 Samuelson,1948),只要在某些节点上注入更多的资源就会发生。通常情况下,这种资源沿着路线,从一个节点传输到另一个节点,并产生一连串的变化(见图1.9)。

最简单的例子来自经济学。当你签合同造房子时,你付钱给承包

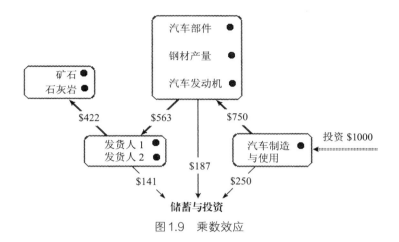

图 1.9 乘数效应

人,承包人付钱给建筑工人,建筑工人用这些钱来买食品和其他商品,如此等等,通过经济网络一步接一步地传递。为了做一个简单的计算,我们假设,每一步收入的1/5存起来,另外4/5付给下一步。那么,你所付的每1美元,有80美分将由承包人传给建筑工人,建筑工人再传递64美分,如此等等。笼统地说,用分数 r 表示每一步的传递。那么,在第二步,可获得开始数量的 r。在第三步,可获得 r 的 r,即 r^2。照此进行下去。用 $1 + r + r^2 + r^3 + \cdots = 1/(1-r)$ 可以计算出总的结果。在这个例子中,$r = 0.8$,所以,总的结果约为 $1/(1-0.8) = 5$。也就是说,最初的效应,即你的合同,通过网络传递,总的效应递增到原来的5倍。

这个乘数效应是网络和流的主要特性。无论资源的特质是什么,货物、货币或消息,都是如此。当我们要估算一些新资源的效应,或某些资源流经新途径的效应时,乘数效应都是相关的。当进化变易(evolutionary changes)发生时,它就更为明显了,并且,它会危及那些基于简单趋势的长期预测。

第二个特性是**再循环效应**(recycling effect)——网络中的循环效应(见图1.10)。这也可以很容易地用经济学实例加以解释。例如,一个网络包括三个节点,即分别代表矿石供应商、钢材生产商和汽车制造与

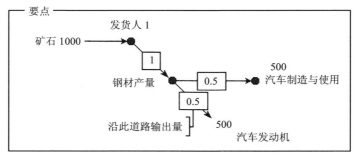

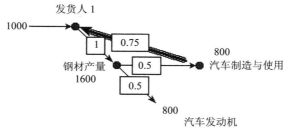

图 1.10　再循环

使用的节点。为了简单明了,我们将资源的测量单位调整一下,使得一单位的矿石产生一单位的钢材,再产生出一单位的汽车。我们让钢材生产商的一半产品供给汽车制造/使用节点。也就是说,假如矿石供应商运送1000单位的矿石,通过网络的转换会成为0.5(1000)＝500单位的汽车。如果我们假设,生产出的汽车会一直使用到变成不可回收的铁锈,那么,每1000单位矿石的回报就是500单位的汽车。如果我们能让汽车中钢材的3/4再循环,结果会如何呢？现在,有些原材料走了一圈,从制造/使用节点到运输者,通过钢材生产商又回到了制造/使用节点。这样的话,同样1000单位的矿石,生产出1600单位的钢材,再在制造/使用节点上得到800单位的汽车。再循环起来,相同的原材料输入,在每个节点会产生更多的资源。

再循环能增加输出并不使人感到特别惊奇,但一个网络中多个循环的整体效应就令人吃惊了。热带雨林就足以证明这一点。那里的土壤极端贫瘠,因为热带暴雨有着溶滤作用,会很快把土壤里的养分冲进河流。因此,当热带雨林消失变成普通的农田,由于没有再生资源,会慢慢变得很贫瘠。然而,森林本身在物种和个体数量方面都极其丰富。这几乎完全取决于森林获取和再生关键资源的能力。森林不同于简单的食物链,因为食物链的资源只是由低到高,终止于高层的食肉动物。而热带雨林永无休止的循环使其资源在被冲进河流之前就被利用了无数次。这个加工系统如此丰富,1棵热带雨林中的树就可以聚藏10 000个不同的昆虫物种!

多样性(特性)

在同样的热带雨林中,除了昆虫具有多样性外,人们很可能走上500米都碰不到相同物种的树。这种情况并非只限于雨林。哺乳动物的大脑由大量神经元组成,形成一个完美的多级层次;纽约市由数千个批发商和零售商组成;所有的CAS都是如此。

多样性既非偶然也非随机。无论是生物体、神经元还是公司,任何单个主体的持存都依赖于其他主体提供的环境。粗略地说就是,每种主体都安顿在由以该主体为中心的相互作用所限定的合适生态位(niche)上。如果我们从系统中移走一种主体,产生一个"空位",系统就会作出一系列的适应反应,产生一个新的主体来"填空"。通常新的主体会占据被移走主体的相同生态位,并提供大部分失去了的相互作用。这种现象类似于生物学上所谓的**趋同**(convergence)现象。三叠纪海洋中的鱼龙与现代海洋里的海豚所占生态位相同。虽然鱼龙与海豚无血缘关系,但在外形和习性上却惊人地相似。鱼龙还以头足动物(枪乌贼和章鱼)为食。这里还有另一种趋同现象。枪乌贼的眼睛具备了哺乳动物眼睛的所有部分和复杂性,但两者却出自完全不同的组织。两种眼睛以不同的生理结构占据同一个生态位,该生态位由眼睛必须提供的相互作用所确定。

当已确立的物种进入处女地时,某个种类的趋同现象也会发生。对一只受精的果蝇(*Drosophila*)来说,几百万年前形成的夏威夷岛就是一片处女地,母蝇漂移或被风从别处吹到此地。自此,这位先驱者身后出现了600多种土生土长的果蝇。更令人惊奇的是,这些新的物种占据了在世界其他地方由不同的蝇种占据的所有的生态位。虽然主体截然不同,但生态系统的相互作用却基本上是翻版。

当主体的蔓延开辟了新生态位,产生了可以被其他主体通过调整加以利用新的相互作用的机会时,多样性也就产生了。一种普遍存在的生物现象,拟态,就是很好的一例。在北美洲,人们最熟悉的拟态的例子是黑脉金斑蝶(见图1.11)。黑脉金斑蝶有着鲜艳的金斑黑脉花纹,它在田间飞得非常平稳,不像大多数蝴蝶那样总是匆匆掠过以躲避捕食者。黑脉金斑蝶之所以能如此自由自在,是因为它的幼虫从马利筋植物那里积累了一种苦的生物碱;鸟儿们很快就知道,误食黑脉金斑蝶会引起呕吐。第二种蝴蝶,副王蛱蝶,其翅膀的花纹几乎与黑脉金斑蝶如出一辙,但它身体里却不含黑脉金斑蝶的苦生物碱。它模仿了黑脉金斑蝶,因此获得了宝贵的自由。没有眼睛的染色体是如何通过模仿完全不同物种的花纹来生成自己的复杂花纹的呢?这是一个重要的问题,我们有了充分的基础后,将在后面继续探讨。现在,我们只需注意由黑脉金斑蝶的存在所提供的新的生态位和多样性。

黑脉金斑蝶　　　　　　　　　　副王蛱蝶

图1.11　拟态

在热带雨林中,拟态存在于每一个角落。昆虫模仿树的嫩枝,模仿蛇,甚至模仿鸟的装饰性花纹。兰花模仿多种授粉动物的技艺非常精湛,如对叶兰,它们会引诱携带着花粉的昆虫前来交尾。兰花家族本身有近20 000个品种,在形态和机制(包括传粉和授粉构造)方面有着极大的差异。每种新品种都提供了更为新奇的相互作用和特化的可能性,这就进一步增加了其多样性。

CAS的多样性是一种动态模式,通常具有持存性和协调性,正像我们早先提到的驻波。如果用棍棒或船桨搅乱水波,一旦搅动停止,水波会很快回复原样。同样,在CAS中,由于部分主体灭绝而引起的相互作用模式的变动,常常会按以前的方式重塑自己,虽然新的主体可能在细节上与老的主体有所不同。然而,驻波模式与CAS模式有一个本质的区别:CAS模式在演化。在CAS中看到的多样性是不断适应的结果。每一次新的适应,都为进一步的相互作用和新的生态位开辟了可能性。

是什么机制,使得CAS能够生成和保持拥有形形色色组分的动态模式呢?回答这个问题,是更深入地认识CAS的关键所在。要获得一个综合理论,我们必须找到适用于所有CAS的解决问题的方式。古生物学的一条原则在此可以套用:要认识物种,就要先搞清楚种系发生(phylogeny)。

遵循这条古生物学原则,重新审视流的概念,我们会在理解多样性的起源方面有所进展。首先注意到,与生态系统类似的相互作用的模式——共生、寄生、拟态、生物学军备竞赛等[见图1.12;道金斯(Dawkins,1976)就此作的论述值得阅读],都可以用面向主体的资源流很好地加以描述。因为其他CAS中都有这些类似的相互作用,我们可以以一概全。由早先讨论的再循环我们得知,参与循环流的主体使得系统能够保留资源。这样保留的资源可以被进一步利用——它们将提供新的生态位以便被新的主体所使用。在CAS中,能够开发利用这些可能性的部分,特别是能进一步增强再循环的部分,将会繁荣。而做不到这一点的,将会渐渐丧失它们的资源。这显然就是自然选择。它是

随着时间的推移，植物进化出一系列可以使蝴蝶幼体中毒的生化物质 **【◆◆】**，而蝴蝶又进化出一些酶，**【🦋🦋】** 可以中和或者消化这些物质。

图1.12　生物学军备竞赛

一个通过增加再循环，导致增加多样性的过程。

　　把非线性的思想加进来，我们可以进一步扩大视野。由形形色色主体的聚集行为所引发的资源再循环，比个体行为的总和要多得多。鉴于此，用聚集的能力去促进单个主体的演化是困难的。采用分布式系统，这种复杂能力就容易获得了。在下一章，我们考察**缺省层次**（default hierarchies）的涌现时，这一点将重点讨论。到那时，有一点应该非常明显，那就是，我们将会发现，CAS不会安顿于少数几个能够利用所有机会的高度适应性类型。恒新性（perpetual novelty）就是CAS的标志。

内部模型（机制）

在介绍拟态时，我提到鸟儿们会学习去避免某些事。以虫为食的鸟能预感到，具有鲜艳橙褐色鳞翅的蝴蝶有苦味道。它们如何做到这一点的？所有的 CAS 都存在这个问题，它把我们带到 CAS 的另一个标志面前：主体能够预知某些事情。要理解预知，先要理解本身就极为复杂的一种机制——内部模型（internal model）。我使用**内部模型**这个词，而盖尔曼（Gell-Mann, 1994）则用**模式**（schema）一词，这两个词都表明了很多相同的情况。不巧的是，"模式"一词在遗传算法（genetic algorithm）的研究中已有固定意义，它指明了相关但不同的主题。既然两个主题都在本书中出现，为了避免混淆，我用"内部模型"一词代表实现预知的机制。

从最广泛的意义上说，预知和预测模型的使用涉及许多科学分支。这是个很困难的主题，但并不是不可探明的。在下一章，我们将提供足够的手段来讨论模型的生成，但是现在我们先看一些比较简单的方面。

构建模型的基本手段在前面考察聚集时已指出：剔除细节，使得所选择的模式得到强调。由于这里我们感兴趣的模型，对主体而言是内部的，主体必须在它所收到的大量涌入的输入中挑选模式，然后，将这些模式转化成内部结构的变化。最终，结构的变化，即模型，必须使主体能够预知，即认识到当该模式（或类似的模式）再次遇到时，随之发生的后果将是什么。主体如何能够将经验转化为内部模型？主体是如何利用模型的时间序列（temporal consequences）预知未来事件的呢？

要回答这些问题，我们先得仔细考察作为预测器的模型。我们通常把预测局限于"较高级"的哺乳动物，而不是把它看成所有生物体的

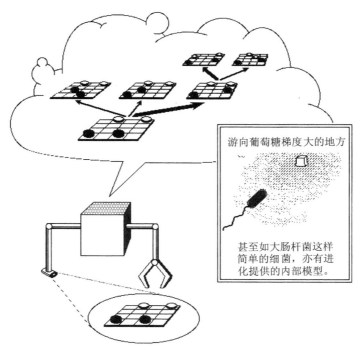

游向葡萄糖梯度大的地方

甚至如大肠杆菌这样
简单的细菌，亦有进
化提供的内部模型。

图 1.13　内部模型

特性。事实上，一个细菌向某种化学梯度变化的方向运动，隐约地预测出食物所在的方向（见图 1.13）。拟态的存在，是因为它隐约预感到某种花纹会欺骗捕食者。当我们说到所谓较高级的哺乳动物时，模型确实更多地直接依赖于主体的感官经验。一只狼的行动，是基于由地理标志和气味共同作用而形成的一幅概念上的地图而产生的预期。早期的人类建造了明确的外部模型巨石阵，用来预测昼夜平分时。现在，我们用计算机模拟对很多事物作出预测，从尚未试航过的飞机的飞行状况，到将来的国内生产总值。所有这些情况都涉及预测，而在后两种情况，外部模型（external model）扩展了内部模型。

　　通过考察这些例子，我们发现，把内部模型分成两类，**隐式的**（tacit）和**显式的**（overt），是非常有用的。隐式内部模型，在对一些期望的未来状态的**隐式**（implicit）预测下，仅指明一种当前的行为，如细菌的例子。

而显式内部模型作为一个基础，用于作为其他选择时进行**明显的**（explicit）、内部的探索，就是经常说的**前瞻**过程。前瞻最经典的例子，就是在下象棋时移动一个棋子前，头脑中对所有着法可能产生的后果进行的思考。无论是隐式模型，还是显式模型，在各种CAS中都可以找到——由免疫系统产生的作用和特征可以归结为隐式的一端，而经济系统中主体的内部模型则既是隐式的又是显式的。

我们如何把内部模型与其他跟建模无关的诸内部结构区分开？或许我们可以从模型的关键特征（模型使我们推断出有关建模所涉及的一些事）着手。依据这一思路，我们可以说，如果仅考察一个主体的内部结构，就能推断出该主体的环境，那么这个主体的内部结构就是一个内部模型。当然，通过研究形态学和生物化学的相关部分，我们可以推断出任何生物体环境的详细情况。相应地，我们可以说那些相关部分组成了一个隐式内部模型。同样地，我们能从陨星的组成和表面状况推断出它的历史。但要建立一个陨星的内部模型，即使用隐喻的方法，很显然也是毫无结果的。所以，我们需要给出更明确的定义。

还有一个要求，就是不考虑陨星和其他无生命的结构。我们需要的是那种结构，从中可以推断出主体的环境，也能主动地确定主体的行为。于是，如果由此产生的行为对未来的结果能够有效地预知，则主体具有一个有效的内部模型；反之则具有无效的内部模型。通过一种适当方式把未来的事物与目前的行为联系起来，进化过程支持有效的内部模型并剔除无效的内部模型。

尽管细菌的隐式模型和哺乳动物的显式模型之间有着明显且实际的差异，但它们也有很重要的共性。在这两种情况下，模型承担的预知任务，无论是隐含的还是明显的，都增强了生物体的生存机会。所以，模型的变异是受选择和进步适应过程所支配的。细菌的隐式模型或拟态的变化，在时间标度上大大不同于哺乳动物中枢神经系统的变化，但选择的**过程**强调,生成这些模型的过程并无二致。

积木(机制)

在现实情况中,内部模型必须立足于一个恒新环境中的有限样本上。但内部模型只有在其描述的情景反复出现时才是有用的。我们如何解释这个悖论呢?

我们来看看人类最平凡的一个能力,即把一个复杂事物分成若干部分的能力,上述问题就有了初步答案。当我们做这件事时,组成部分绝不是任意的。它们可以一用再用,构筑和完成大量各种不同的组合(见图1.14),就像孩子们搭积木(building blocks)一样。事实上,这是非常明显的,通过自然选择和学习,寻找那些已被检验过能够再使用的元

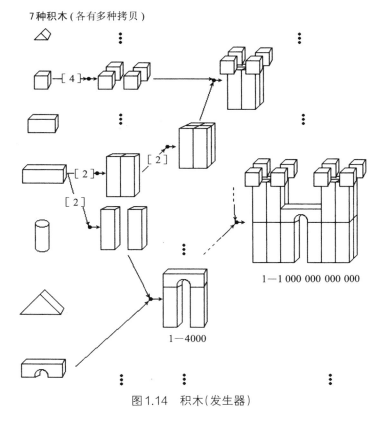

图1.14 积木(发生器)

素，人们就能够把复杂事物进行分解。

因为再使用意味着重复，我们开始遇到这样一个问题：面对恒新的事物，如何能够重复？通过重复使用积木，我们获得了经验，即使它们从不以完全相同的组合出现两次。用这个例子的方式，考虑一下人面孔的一般积木：头发、前额、眉毛、眼睛等等（见图1.15）。我们把面孔分成10部分（"眼睛"是其中之一），并且，每部分有10个选择（如"蓝眼睛"、"褐色眼睛"、"浅褐色眼睛"……）。我们考虑用10个"袋子"分别装每个部分的10个积木，总共有$10 \times 10 = 100$个积木。然后，我们可以从每个袋子中选择一块积木组成一张面孔。因为每个袋子中有10项选择，我们用这100块积木可以组成$10^{10} = 100$亿张不一样的面孔！几乎我们遇到的任何一张新面孔，都可以通过对100个积木的适当选择精确地描述出来。

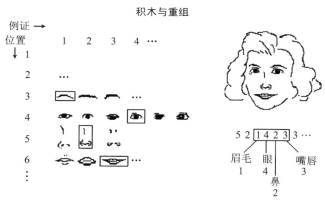

一张面孔可用指示其组成部分的代码序列描述。

图1.15 组成面孔的积木

广义地说，如果建造模型可以包揽大多数科学活动，那么，寻找积木就成为完善那项活动的一门技术。在物质结构的最底层，我们有盖尔曼的夸克。夸克的组合产生核子，即下一层的积木。迭代这个过程，上一层的积木通过特殊的组合，派生出下一层的积木。结果就是夸克/核子/原子/分子/细胞器/细胞/……，这个序列就是物理学研究的基础。

当我们能把某个层次的积木，还原为下一层次积木的相互作用和组合时，我们就取得了显著的成绩：较高层次的规律是从低层次积木的规律推导出来的。这**并不**意味着高层次的规律易被发现，就如同几何学上，一个人知道公理，并非就容易发现定理。它**确实**为科学结构带来了紧密联系。当我们讨论CAS中的**涌现**时，将再次回到这个问题上来。

将我们的注意力局限于物理学积木是错误的。无论在哪里，积木都是人们认识复杂世界规律的工具。人们能把音符转换成无数美妙的音乐，有限范围的形态学可以描述出大量的动物结构谱系，我们只需看一看这些就够了。我们日常遇到的也有很多这种情况。如果我遇上"一辆行驶的红色萨博汽车在高速公路上车胎漏了气"这一情况，我会立即用一系列可能的办法来处理，即使我以前从未遇见过这个情况。我不可能为一切可能发生的情况准备一系列规则。同样的原因，免疫系统也不可能保存所有可能的入侵者的名单。因此，我把情况分解开，从我的日常积木的全部技能中，唤醒有关"高速公路"、"汽车"、"轮胎"等的规则。迄今为止，这些积木都曾经被实践过，并在千百次的重复中被改善。当遇到一种新情况时，我会采取适当的行动，将相关的、经过检验的积木组合起来，应付新的情况，采取适当行动，取得满意结果。

使用积木生成内部模型，是复杂适应系统的一个普遍特征。当模型是隐式的，则发现和组合积木的过程通常是按进化的时间尺度来进展；当模型是显式的，则时间的数量级就要短得多。还要再强调一点，无论是内部模型，还是最初讨论的适应，底层的适应过程在CAS的所有范围内都是相同的。

下一步做什么？

后面的3章将把这7个基本点（见图1.16）以不同的方式组合，要达

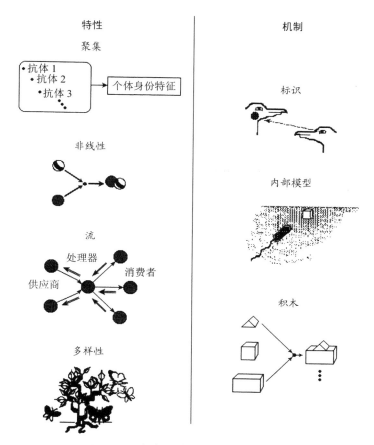

图 1.16 复杂适应系统的7个基本点

到两个目标。第一个目标,即第二章的目的,就是要为"适应性主体"(adaptive agent)提供一个适用于所有在CAS中出现的不同种类主体的定义。第二个目标,在第三章和第四章完成,即提供具有足够普遍意义的基于计算机的模型,使我们能够实施与所有CAS都相关的思想实验。我们将看到,7个基本点一次又一次地反复出现,从而引出一系列机制和方向(见图1.17)。

在这两个目标外,还有一个更大目标:揭示出一般原理,使我们能从简单的规律中,综合出复杂的CAS行为。复杂适应系统与大多数已被科学地研究过的系统很不一样。在变化的背后,通过有条件的动作

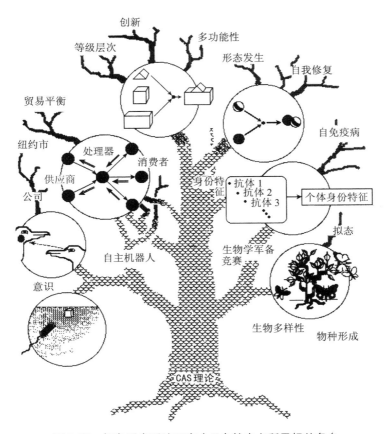

图 1.17　复杂适应系统研究中 7 个基本点所承担的角色

和预知,它们呈现出协调性,并且,它们这样做并没有中央指挥。与此同时,CAS 还有杠杆支点,在支点处,一个微小的输入便会产生巨大的指挥变化。如果我们能揭示支配 CAS 动力学机制的一般原理,就很容易发现这些杠杆支点。对杠杆支点理解得多了,反过来会给我们提供解决诸如免疫疾病、市中心的衰败、工业创新之类基于 CAS 问题的有效办法。鉴于问题之复杂程度,没有理论的指导就不可能取得实质性进展。当然,我们现在还只处于寻找一般原理的开端,但对于那些原理究竟是些什么我们确实已经有了一些线索。最后在结论那章,我将把我观察到的这些线索做一总结。

第二章

适应性主体

　　现在我们回到纽约市的例子,用前一章的7个基本点,对其进行一番大致的说明。由**聚集**形成的主体是一个关键特征,其典型代表是星罗棋布的公司,从花旗银行和纽约证券交易所到街角的熟食店和出租车。这些主体实际上在确定每一笔交易,所以,抽象地看,纽约市这个复杂适应系统,可以用这些主体不断进行的相互作用很好地加以描述。我们只要看看广告、商标和公司标志,就能够明白,**标识**是如何促进和指导这些交易的。这些标识的**多样性**强调了城市中公司及其活动的不同,以及货物的进、出、经过城市产生的复杂的**流**。尽管纽约呈现出多样性、不断变化、缺乏中央指挥,但无论是从短期看还是从长期看,它都保持了协调性,这是CAS之谜的典型特征。同样,**非线性**乃是谜中之谜。纽约的非线性尤其体现在促成交易的**内部模型**,即公司内部的模型。这些模型形形色色,从电子表格到精心策划的公司计划,而且还不断地花样翻新,如华尔街上新出现的金融工具的稳定流动("金融衍生产品",这是新生事物,比其前身"低档债券"吸收了更多的资金)。趋势投影和其他线性分析方法对这些活动束手无策。我觉得,如果我们能找到通过不断组合确定城市外表特征的**积木**,就会对其有一个全新的知识。然而,这个系统的积木比其他CAS的积木更不明显,虽然合同、组织结构图、许可证、城市基础设施和税收都是明显的候选者。

对纽约市的这种透视与其他描述这个城市环境的方法同样复杂，但它确实揭示出，该城市并非与其他CAS完全不同。我们已在各种CAS中看到了这些相同的基本性质。在其他CAS中确定这些基本性质也不特别难，它们都很明显。据我所知，同时具有这7种性质的，没有哪个系统不是复杂适应系统。这就是说，要用一个采纳这些基本性质的共同框架来看待所有的CAS。但是，有一个CAS的特性足以削弱这个观点的根基。在不同的，甚至是相同的系统里，主体之间呈现出真正的非相似性。城市中的公司似乎与抗体没有多少共同之处，生态系统的生物体与神经系统的神经元也根本不相像。为这些截然不同的主体找一个共同的说明真的可能吗？如果能，一个统一的CAS方法就是可行的；如果不能，一个统一的方法似乎就找不到。那么，为诸多主体找一个公共的说明就是我们下一步的目标。

探索这个可能性分三步。第一步，我们要找一个统一的方式来说明不同种类主体的性能，而不考虑由于适应所产生的变化。我把这一步的结果称为**执行系统**（performance system）。下一步，根据主体的成功（或失败）对于执行系统的相应部分赋以信用或给予责备。我把这个过程称为**信用分派**（credit assignment），为此需要用到其他有关学习和适应的研究。最后一步是考虑对主体的性能进行变动，对新的选项分派低信用。理由会逐渐明朗，我把这一步称为**规则发现**（rule discovery）。

执行系统

要得到主体的一般描述，第一步就要回到上一章开头部分有关适应性主体的描述。在那里，我们用**规则**作为描述的工具；现在，我们更加严格地把规则作为定义主体的一种正规手段。由于规则应该是成功的、统一的描述工具，无论对于具有什么外部形式的主体都能适用，因此它必须满足三个标准：

1. 规则必须使用单一的语法去描述所有的CAS主体。

2. 规则的语法必须规定主体间的所有的相互作用。

3. 必须有一个可接受的程序以适应性地调整规则。

与上一章一样，我们先来看看最简单的一类规则：IF（一些条件为真）THEN（执行一些动作）。IF/THEN规则用在很多不同的领域：在心理学上，它们被称为刺激—反应规则（见图2.1）；在人工智能上，它们被称为条件—行动规则；在逻辑学上，它们被称为产生规则。我们现在的目的是要为IF/THEN规则找到一个简单的语法，一种适用于各种主体的语法。以后，我们将加入一些简单的修改，使IF/THEN规则足够强大，能够为任何主体建立可以在计算机上模拟的模型。

IF 小飞行物离开
THEN 头向左转 15 度

图2.1　刺激—反应规则

输入/输出

我们使用的IF/THEN规则的语法，严格依赖于主体与其环境的相互作用。我们从输入端开始。一般来说，主体通过刺激的分类来感知环境。如果主体是抗体，刺激就是抗原表面分子的构型，即标识。如果主体是人，则刺激就来自五种感官。如果主体是公司，则刺激就是订单、现金流动、进货等等。通常情况下，主体被刺激所包围，它所收到的信息比能够使用的要多得多。

那么，主体的第一个任务，就是过滤其周边环境产生的、大量涌入的信息。为了描述这个过滤作用，我采纳了通常的观点，即环境通过一组**探测器**（detector）将信息传递给主体。最简单的一种探测器，就是用来感觉环境的特殊性质，当特性出现时转向"开"，否则转向"关"（见图

2.2)。也就是说,探测器是一个二进制装置,它传递环境的一个比特的信息。这种探测器用来感知环境似乎很有限,但任意大量的信息却可以通过足够多的一组探测器来传递。事实上,传递的信息量与探测器的数目呈指数关系。3个一组的二进制探测器可以对 $2 \times 2 \times 2 = 2^3 = 8$ 种颜色进行编码;20个一组的探测器,亦即使用所谓"20个问题"游戏的一个变种,可以对 2^{20} 个,即100万种以上不同分类的每一个刺激,都产生独一无二的应答。

说到探测器,值得一提的是早先对于规则提出的警告。有关探测器的讨论,并**不是**说所有的CAS主体都**使用**二进制探测器。确切说法是,我们可以使用一组二进制探测器来**描述**主体过滤环境信息的方式;我们可以把其他方式的探测转化成这种形式。此讨论中二进制探测器的价值在于为任意适应性主体建立模型时它们很有用。

通过二进制探测器的方法,我们能够使用标准化的消息,即二进制字符串,来描述被主体选定的信息。我们能否把这个标准化扩展到主体的输出端呢?毕竟,CAS主体的行为与它们吸取环境信息的方式一样多种多样。通过"颠倒"探测器实施的功能,我们就可以将输出规范化。我用一组**效应器**来描述主体的行为。每个效应器一旦被合适的消息所激活,它将对环境产生作用(见图2.2)。在任何给定的时刻,主体的全部反应由在该时刻活动的一组效应器产生。也就是说,效应器对

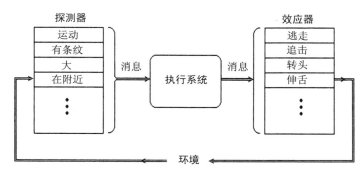

图2.2 执行系统的探测器和效应器

标准化了的信息**译码**(decode)，以引发环境中的动作。探测器是对环境活动进行**编码**(encode)，形成标准化消息，而效应器则恰恰"颠倒"了这一过程。与使用探测器一样，我们用效应器作为建模适应性主体输出的描述工具。

处理和语法

用这种方式描述与主体有关的消息的输入和输出，似乎能以相同的方式很方便地处理主体规则的相互作用。制定规则的相互作用是关键的一步，能够给予简单的IF/THEN规则以一种程序设计语言的全部能力。因为一个IF/THEN规则与另一个相互作用，必然会是，一个规则的IF部分导致对由另一个规则THEN部分所指定的动作十分敏感。如果我们把每个规则想象成为某种微主体(microagent)，我们就可以把消息的输入输出作用扩展到相互作用上。设想一下，每个规则都有自己的探测器和效应器，或者再进一步，每个规则就是一个消息处理工具。那么，规则就有下面的形式

IF（有合适的消息）THEN（发出指定的消息）

也就是说，主体现已被描述为一组**消息处理规则**(message-processing rules)（见图2.3）。有些规则作用于探测器产生的消息，处理环境信息，有些规则作用于其他规则发出的消息。有些规则通过主体的效应器，发出作用于环境的消息，而有些规则发出激活其他规则的消息（见图2.4）。

以这个说明为指导，我们可以写出CAS主体的通用语法（见图2.5）。

IF 瞄准小飞行物
THEN 发送 @
IF @
THEN 伸舌

消息（这里由未解释符号 @ 表示）由装置内的未解释字符串所典型代表。

图2.3 一个小型的基于规则的消息传递系统

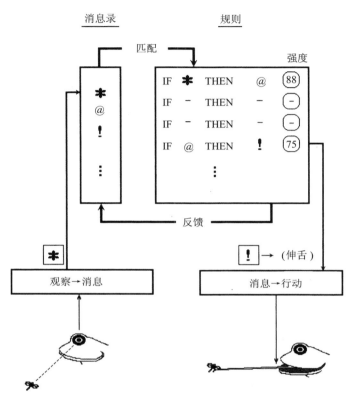

图2.4 消息传递执行系统

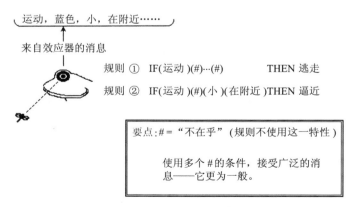

图2.5 执行系统语法

我们以容许的消息为开端。为简单起见,假设所有的消息都是二进制字符串,即1和0字符串,且它们都具有标准长度。(最后一种假设意味着,消息非常像存储在计算机寄存器里的二进制串。)这些假设事实上并非必不可少,但这些假设也并没有严重地失去一般性,而且它们的确简化了表述过程。用符号来表示,消息具有下面的形式

$$10010111\cdots1$$

$$|\quad\leftarrow L\rightarrow\quad|$$

其中L是标准消息的长度。所有可能的消息的集合M,就是所有长度为L的1和0字符串的集合。该集合正规的表示是$\{1,0\}^{L}$。

下一步,我们必须为规则的条件部分提供一套语法,该语法要指明规则需对哪些消息作出反应。要做这件事同样有很多方法,但最简单的方法就是引入一个新的符号"#",它表示"在此位置上任意可接受的信息"。用口语来说,它是一个"不在乎"符号。我们用符号串

$$1\#\#\#\#\cdots\#$$

$$|\quad\leftarrow L\rightarrow\quad|$$

作为规则的条件部分。这个条件对以1开始的任何消息作出反应,并不在乎出现在$L-1$位置上的数字是什么。同理,字符串

$$\#\#\#\#\cdots\#\#1\#0$$

$$|\quad\leftarrow\quad L\quad\rightarrow\quad|$$

表示,该条件对倒数第三个位置$L-2$上是1和最后一个位置L上是0的任何消息作出反应。这样的话,所有可能的条件C,就是长度为L的1、0和#的字符串集合。该集合正规的表示是$\{1,0,\#\}^{L}$。

由于在此公式中,规则的唯一动作是发送消息,那么,所有的规则都具有下面的形式

$$IF（满足C的条件）THEN（从M发送消息）$$

例如,$L=5$时,规则

$$IF（1\#\#\#\#）THEN（00000）$$

如果它探测到任何以1开头的消息,将发出消息00000。类似的规则

$$IF（10101）THEN（00000）$$

只有当它探测到特定的消息10101时,才发出消息00000。

有了 $M=\{1,0\}^L$ 和 $C=\{1,0,\#\}^L$ 这两个集合以及规则的这种形式,我们就能描述各种各样主体的行为了。要描述某个特定主体,我们可以用固定的形式,写下一组用以生成其行为的规则。这样定义的规则很像计算机中的指令,因为规则集合就像程序一样决定着主体的行为。如果有一种方式可以在计算机上建立主体的模型,那么,用这种形式使用一组规则,这些技术条件就确保了它们能够被用来建立模型。为了使其运算能力更强,我们必须给予规则两个独立的条件,IF（ ）AND IF（ ）THEN（),并提供命题的否定形式,IF NOT（ ）THEN（),但我们目前可以忽略这些改进。

有了这个语法,我们就有了统一的、基于规则的技术手段去建立主体的模型,无论它们是神经元、抗体、生物体,还是公司。粗略地看,图2.1和图2.3大致说明了青蛙捕捉一只小昆虫的行为所使用的一两条规则。(抽象符号强调了对消息进行编码的二进制串的任意性。)

同时活动——并行性

在进一步讨论前,我们必须把在该系统中消息的不同用法仔细区别开。起源于探测器的消息有着内置(built-in)的意义,由探测到的环境特性所赋值。而起源于规则的消息没有赋值的意义,除非它们被用于激活效应器时。当它们展示激活其他规则的能力时,才获得意义。区别这两种消息非常重要。否则,起源于规则的消息或许会被认为来源于环境,对主体产生"幻觉"。通常对这两类消息赋以表明身份的标识来区别它们。

由于起源于规则的消息没有内置的意义（暂时不管用于激活效应器时的消息），当同时出现几个起源于规则的消息时，我们不会面临矛盾的情况。也就是说，我们可以有同时活动的几条规则，不用担心引起矛盾；活动的规则越多，消息就越多。这是再好不过的了。我们能够建立同时发生活动（这是CAS的典型特征）的模型，像我们将要看到的那样，我们可以使用消息作为建立复杂模型的积木。

为了充分利用这个优点，我们为主体提供一种存货清单——**消息录**（message list），用来存储当下的所有消息。我们可以想象，在这种安排下，主体的行为就像一间有着大公告板的办公室，这个比喻有点怪异，但很有用。办公室的工作人员都被安排了一定的岗位，每个岗位都有责任将特定的备忘录贴到公告板上。当然，每个岗位的输出将不只是备忘录。在一天的开始，工作人员将备忘录记录下来，全天处理这些备忘录，在一天工作结束时，他们把经过自己的工作所产生的新备忘录贴出去。另外，有些备忘录来自办公室之外，而有些则由办公室发向外界。在这个比喻下，主体对应办公室，备忘录对应消息，公告板则对应消息录，岗位对应着规则，办公室外来的备忘录对应起源于探测器的消息，发向外部的备忘录对应由效应器引导的消息。在主体内部，就像在办公室一样，很多活动同时发生，但在外界只能看到一部分。

对同时激活的规则的这种规定，有助于我们理解主体应付一个恒新世界的能力。它与那种主体对每种情况只有单一规则的方法截然不同。对于单个规则的方法，主体必须为可能遇到的每种情况准备许多规则。这就提出了类似于我们讨论过的免疫系统的问题。免疫系统为了对付所有可能的入侵抗原，不可能一开始就准备一组抗体，因为可能性实在太多了。同样道理，主体不可能事先准备好一个规则，使它能够适应所遇到的每种情况。所以，我们采用同时的活动规则，主体通过组合已检验的规则描述新的情况，规则就成为积木。

再看一个例子，有个人不走运，"驾驶着一辆红色的萨博汽车在高速公路上车胎漏气了"。我们大多数人没有驾驶过萨博，更不用说开着这辆车的时候轮胎漏气了，但我们都会作出适当的反应。这个反应就是，我们可以把情况分解成熟悉的部分。我们几乎都有轮胎漏气的经历，至少知道处理这件事的过程。我们也都在高速公路上开过车，等等。我们可以用规则来描述处理这个情况的各个部分。用我们为基于规则的主体制定的语法来描述，就是这种形式的规则：IF(开车时轮胎漏气了)THEN(慢下来)，IF(在高速公路上漏气)THEN(把车拖入故障道)，等等，可以用C/M语法进行编码(见图2.6)。由起源于探测器的消息和其他规则同时唤醒的这些规则，激活了适当的效应器序列。当然，

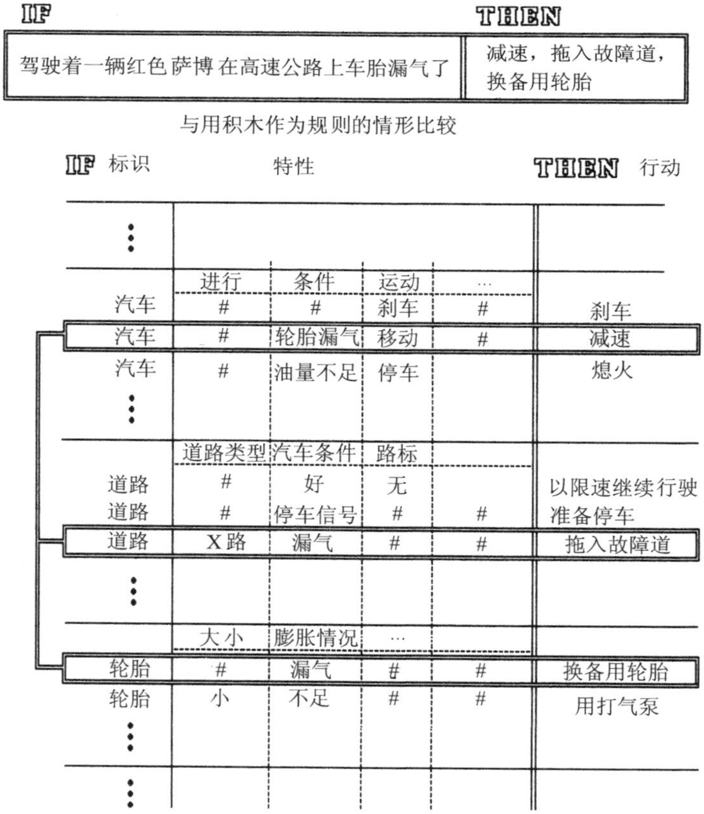

IF	THEN
驾驶着一辆红色 萨博 在高速公路上车胎漏气了	减速，拖入故障道，换备用轮胎

与用积木作为规则的情形比较

IF 标识	特性				THEN 行动
⋮					
	进行	条件	运动	…	
汽车	#	#	刹车	#	刹车
汽车	#	轮胎漏气	移动	#	减速
汽车	#	油量不足	停车	#	熄火
⋮					
	道路类型	汽车条件	路标		
道路	#	好	无		以限速继续行驶
道路	#	停车信号	#	#	准备停车
道路	X路	漏气	#	#	拖入故障道
⋮					
	大小	膨胀情况	…		
轮胎	#	漏气	#	#	换备用轮胎
轮胎	小	不足	#	#	用打气泵
⋮					

图2.6 并行性规则的一个实例

在现实情形中,有些次要的情况没有包含在这个简单的例子中。对应于短期记忆(近来在高速公路上发生的事情),将会有一些消息和活动规则,还有旅行的目的等等。激活的规则可能有上百个,但把情况和相关的历史分解成熟悉的积木的原理却是相同的。

适应——由信用分派产生

迄今为止,我们还没有说到主体的适应能力。我们已经描述了主体的**执行系统**,以及它在某个时刻的性能。现在,我们必须考察主体获得经验时改变系统行为的方式。

第一步就是仔细看看规则在执行系统里的作用。通常的观点是,规则的总合就是描述主体环境的事实的集合。于是,所有的规则必须保持相互间的一致。如果一个发生了变化,或引入了一个新的规则,必须对它与其他规则之间的一致性进行检查。然而,还有另外一种看待规则的方式。规则可以被看成是正在进行检验和确证的假设。这样看来,其目标就是寻找矛盾而不是避免矛盾。也就是说,一组规则可以提供可能的、相互竞争的假设。当一个假设失败了,与之竞争的规则就等在旁边准备尝试。我个人倾向于后一种观点。

如果准备引入竞争,就必须有解决它的基础。很清楚,竞争应当以经验为基础。也就是说,某个规则赢得竞争的能力,应该建立在该规则过去的有用性(usefulness)上。目标与统计学家的构建假设确证概念密切相关。我们要为每个规则分派一个**强度**(strength),经过一段时间后,它将反映出规则对于系统的有用性。在经验的基础上,修改强度的过程通常被称为信用分派。

当系统因某个行为产生直接的赢利(如奖赏、增援)时,信用分派相对比较容易。如果我们转动钥匙后,汽车发动了,根据这个行为,我们很快就会掌握这项技能。当早先采取的行动可能会在一段时间以后产生有用的结果时,信用分派就困难多了。如果我们考察跳棋的玩法,这个问题就很清楚了。玩跳棋时,如果尽可能采用三级跳,几乎总是能赢,那么就很容易给这个行为规则赋予信用。但是,当选择了三级跳却**还有四步**才能获胜的话,一个新手该如何对那个规则确定信用呢?这个新手怎么知道,正是这条规则而不是别的什么规则在创造条件中是最为关键的呢?或许,站在对手的角度看,着法可能是根本错误的。但是,跳棋中好的着法,以及 CAS 中完美的行为,都依赖于对预知和创造条件赋予信用。

当执行系统同时有很多规则起作用时,信用分派就变得更为复杂。系统要继续去适应,有些规则会继续有用,而有些则不再有用。有些规则为了对行为提供有益的指导而对环境进行分解,有些则不是这样。此外,现时行为的结果显现出来,往往要经过很长一段时间。有些行为短期内是忍痛割爱,但从长远的角度看,则有益于全局,这非常像国际象棋里的弃兵着法。在有这些不便之处的情况下,一个主体如何确定哪些规则有帮助作用、哪些规则有阻碍作用呢?

这里,我们可以用另外一个比喻,即竞争和资本间的一般联系。每个规则被看成是买卖消息的生产商(代理商、经纪人)。一个规则的"供应商"是那些发送满足其条件消息的中间人,规则的"消费者"则是那些作用于消息的中间人。规则的强度被看成是手头的现金。当一个规则购买了一则消息,它就必须用手头的现金支付,也就是说它的强度要减小。当一个规则卖出了消息,它的强度就会因购买者所付的现金而增加(见图2.7)。

这样一来,我们就可以通过拍卖竞价的过程引入竞争(见图2.8)。只有条件得到满足的规则才有资格出价,且只有胜者有权贴出("卖出")消息。一个规则出价的多少由其强度而定。强度大的规则出价较

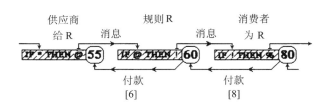

交易后 R：IF @ THEN ! 62 = 60-6+8

阶段设置 规则导致回报增强。

图2.7　信用分派——改变规则的强度

高。然后,胜者付钱给供应商;输者什么也不付。

　　赢了之后,胜者强度减弱,供应商强度增强。但是,胜者已经有权发送消息,或许它们也会有消费者出价并付钱。在这种情况下,只有当消费者付的钱比第一次的出价多,获胜规则才会发展壮大。资本家都信守这条格言:贱买贵卖!

IF　目标在左边　THEN　头向左转 15 度　88

IF　目标在左边　THEN　头向右转 15 度　12

规则像竞争假说般行动;规则越强,它获胜的可能性越大。

只有获胜规则反馈消息。

图2.8　在基于规则的并行系统里的规则竞争

　　那么,这种大量的买入卖出是如何帮助适应性主体解决其信用分派问题的? 联系起来看,我们必须确定最终的消费者(买者)。它们就是那些当主体从环境获得明显的好处时非常活跃的规则。就像跳棋中的三级跳,主体知道这些行为是所期望的,因此,直接起作用的规则的强度自动增强。我们可以认为,在获得好处期间活动的规则会分享好处。这非常像巴甫洛夫(Ivan Pavlov)的条件反射,所期望的行为会直接增强强度。

　　现在,考虑这样的一条规则,它是一个被加强的"最终消费者"规则的直接供应商。假设这个供应商帮忙设定了布局,使最终消费者规则有可能从环境得到好处。由于好处使最终消费者变得强大,它会出价更高,因为它的出价与其强度相称。反过来看,由于供应商收到更多的报偿,强度也会加强。然后,供应商的供应商们也会从这种强度的增强中获得好处,如果它们为供应商创造条件的话。在不断为获得明显好处创造条件的供应商链的任何环节上,我们都可以重复这个论证。最终,所有的规则都因其消费者强度的增强而自身也得到加强。

有一个问题:如果供应商发出消息,激活了最终消费者规则,但却由于没有适当地创造条件而进行了"欺骗"怎么办? 当然,消费者规则将得不到好处,即使它向供应商付了钱。它付了钱却没有回报,强度因此相应减弱。结果是,下一轮时,进行欺骗的供应商将从消费者那里得到很少的钱。因为,在强度变化的过程中,供应商要比最终消费者早一步,所以,它的强度会骤然下降,低于它赢得竞争的水平。如果有其他规则**确实**为最终消费者创造了条件,这一点就尤其真实。同样可以在供应商链的任何环节上重复这个论证。

这个信用分派过程,我称之为**传递水桶**算法(bucket brigade algorithm),它会加强那些最终获得好处的行为的规则。处理过程就等于涉及创造条件和子目标假设的循序渐进的认证。对于统计意义上规范的环境来说,数理经济学的定理能够证明这个结果,并且,计算机模拟也表明,它在多种环境里都行得通,特别是与规则发现过程组合起来的时候。

内部模型

如果对出价过程再做一下改动,将会进一步构造出内部模型。基于直觉,在其他条件不变的情况下,主体应该情愿选择那些根据情况而利用更多信息的规则。在我们的语法中,规则所使用信息的数量取决于规则条件中"#"的个数。在规则条件中,"#"越少,规则就越**具体**(见图2.5)。例如,条件##…#接受任何消息,因此,无论何时条件得到满足,它都提供不了任何信息。另一个极端,条件11…1被一个具体的消息满足,即一个全"1"的字符串,会提供可能的最多的信息。为了实施选择的偏好,我们必须修改出价过程。最简单的方式就是,让出价的数目正比于强度和具体化程度的**乘积**。用这种方式,强度和具体化程度中只要有**一项**趋近于零,出价就趋近于零;仅当**两者**都大时,出价才会高。

现在,我们考察在较为一般的规则 r1 和较为具体的规则 r2 间展开竞争。为了使例子更为形象(见图2.9),令 r1 为下列刺激—反应规则

IF(环境中有移动的物体)THEN(逃走),

令 r2 为

IF(周围有小的移动物体)THEN(逼近)。

任何涉及移动物体的消息都满足 r1,但只有那些消息的子集才满足 r2,也就是说,那些消息要满足额外的特性,即物体是小的且就在附近。但是,当附近有小的移动物体时,r1 和 r2 都会直接参与竞争。如果 r1 和 r2 的强度大致相等,r2 将有优势,因为它的具体化程度高。也就是说,由于 r2 使用了更多有关情况的信息,它会出价更高。

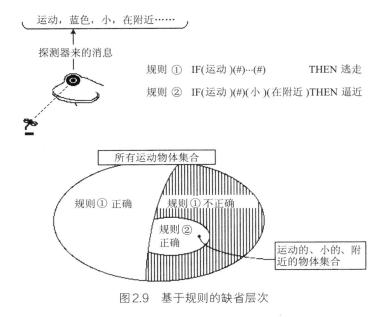

图2.9 基于规则的缺省层次

现在,我们首次开始讨论内部模型的形成。从效果上看,规则$r1$和$r2$形成了环境的简单模型。很明显,该模型解决不了什么问题,因为当$r1$和$r2$同时激活的时候,它们是矛盾的。然而,仔细考察会发现这个矛盾却揭示了两个规则的共生现象。假设这个主体("青蛙")生活的环境中大多数移动的物体(如"鹭"和"浣熊")都是很危险的,但一些小的移动物(如"苍蝇")却是它的猎物。较为一般的规则$r1$,是在缺乏详细信息时,缺省使用的一种规则:"如果它是移动的,就很危险。"但是,如果这条规则总被引用,青蛙肯定得饿死,因为它总要逃离它的食物——苍蝇以及类似的小昆虫。而另一方面,较为具体的规则$r2$,当苍蝇就在附近时,会引发正确的行为。它提供了缺省规则的一种例外情况。并且,由于它更为具体,当附加的约束因素"小且就在附近"存在时,它就会取代缺省规则。下面的论证揭示了规则的共生现象。每当缺省的$r1$犯了错误,它便失去强度。当$r2$赢了,阻止了错误的发生,它就弥补了$r1$造成的损失。所以,虽然$r2$与$r1$相矛盾,但$r2$的存在,确实使$r1$受益。比起只有一条规则的情况,两条规则共同起作用,为青蛙提供了更好的环境模型。

在用现有的语法形成内部模型时,我们将发现,发现和检验一般的规则要比发现和检验具体的规则容易些。为此,我们考虑有$L = 100$个探测器的主体。能够使用任何信息的最简单的条件就是,只依靠1个探测器,其他探测器都是#。这里的情形与青蛙的缺省规则一样,只使用"移动的"这一特性。那么,只依赖100个探测器中的1个时,有多少个不同的条件呢?我们可以这样计算。选择100个探测器(位置)中的任一个作为我们感兴趣的特性。那么,我们必须决定,条件是否需要特性出现(1)或者不出现(0)。即我们可以选择100个位置中的任何一个,该位置有两种可能性。所以,只使用1个探测器有200个不同的可能的条件。这200个条件的有用性可以在短时间内予以检验。

另一个极端是使用所有探测器的条件。这里,我们必须对100个位置中的**每一个**都选择两种之一的可能性,出现(1)或不出现(0)。所以,这种情况有

$$2 \times 2 \times 2 \times \cdots \times 2 = 2^{100} \cong 10^{30}$$

$$| \leftarrow \quad 1 \ 0 \ 0 \quad \rightarrow |$$

个不同的条件。这个巨大的数字甚至比用微秒测量的宇宙的估计寿命还要大得多。显然,对主体来说,要尝试**所有的**条件是行不通的。

一般的条件不只是在数量上少,而且它们更频繁地在典型环境中被主体用来检验。做一个实验,我们假设所有来自探测器的消息机会均等。那么,一个给定探测器是1或0的概率相同。这就是说,对于一个给定的探测器,只有一半的消息有给定的值1。我们来看看一般的条件1###…#。它在一半时间内都将得到满足!由于它被频繁检验,信用分派会很快对使用这个条件的规则指定一个合适的强度。

与稍微具体一点的条件10###…#对比一下。在第一个位置上,一半的消息将包含1,但在这些消息中,只有一半在第二个位置上含有0。这就是说,只有1/2 × 1/2 = 1/4的消息满足条件10###…#,所以,得到检验的条件只有1###…# 的一半。很容易看出,条件每多用一**个**探测器,检验比率就会下降1/2。

缺省层次

很明显,有用的一般条件——缺省,比较容易找到并建立。较为具体的例外规则需要循序渐进,需花较长的时间找到和建立。这表明,在信用分派下,早期的主体将依赖于最笼统的比随机行为更起作用的缺省规则。随着经验的积累,加入竞争的更为具体的例外规则将要修改这些内部模型。这些规则要与缺省规则共生地相互作用。这样产生的模型叫作**缺省层次**(见图2.9)。当然,有些由世世代代遗传选择产生的

具体规则(如反射),可能会在进化的过程中起重要作用。普遍的、较为突出的探测器—消息,也可能会完善一些特别具体的条件。但是,从一般的缺省规则到具体的例外规则,缺省的层次会随时间扩展开,这个原理与上面叙述的情况并不矛盾。

现在,我们来看看主体用来产生缺省层次候选者的机制。

适应——由规则发现产生

对于规则的产生,首先想到的第一个过程,就是实施一种随机的试错法,对已存在的规则作有限的随机修改。这种过程偶尔奏效,但它却并没有怎么利用系统经验。真正的随机修改很像掷硬币:下一次发生的并不依赖以前发生的。在希望进一步完善的前提下,在诸如缺省层次之类的复杂内部模型中作随机修改,非常像在一页复杂的食谱上作随机修改。大多数改动都不会变得更好。

还有些什么其他的选择办法呢?对于新生成的规则,如果我们能对某种"**貌似真实性**"(plausibility)加以确认就会更好:当依据过去的经验看问题时,它们不应该是明显错误的。在大多数情况下,貌似真实性由于使用经过检验的积木而产生。如果我们回头看看"驾驶着一辆红色萨博汽车在高速公路上车胎漏气"这件事,我们就知道,貌似真实性来自用一些熟知的积木描述这个新情况。这样的话,所谓想法,就是要找到对应某个规则的各个部分——积木。而直觉告诉我们,在强规则中始终出现的某个部分,就应该是新规则使用的候选项。利用足够多的强规则,还有搜索强规则中各部分的有用方法,我们可以只用经过检验的部分就能生成大量的新规则。新规则只是貌似真实的候选项——它们还有待于验证——但这个过程比随机试错法要有效得多。当然,或许有些发现新规则组分的方法,可以扩大检验的范围。

只需简要看看在技术创新中检验过的积木的作用,就有助于我们理解在规则创新的特殊情况下积木的作用。历史的回顾显示,技术创新似乎总是由于已知积木的特定组合而产生的。看一看为20世纪社会带来变革的两项技术创新:内燃机和数字计算机。内燃机是由伏打(Alessandro Volta)的点火装置、文丘里(Giovanni Battista Venturi)的(香水)喷雾器、水泵的活塞、研磨机的齿轮等组成的。第一台数字计算机组合了盖革(Hans Geiger)粒子计数器、阴极射线管图像的延迟特性(逐渐消退)、直流电线的使用等等。在这两种情况下的积木块中,多数都已经在19世纪一些不同的情境中使用了。在极多的可能性中,正是一种特定的组合带来了创新。当一种新的积木被发现时,通常会带来一系列创新。晶体管的诞生,给很多装置带来了革命,从一些庞大的仪器到便携式收音机和计算机。即使新的积木,也经常是通过组合更多的基本积木派生出来的,至少部分是这样。晶体管就是建立在人们对于硒整流器和半导体的认识之上的。

模式

如何找到规则的积木呢?对于此处用到的规则语法(rule syntax),最直接的方法,就是利用规则串(rule string)中选定位置上的值作为潜在的积木。例如,我们可以问,平均来说,在条件的第一个位置上设置1是否有用。在上述青蛙的例子中,第一个位置对应运动探测器。对青蛙而言,作为新规则的一个通用积木,在第一个位置上使用1的问题就转化成在环境中运动的重要性问题。

把每个位置上的值看成是积木,这种方法很像是采用传统的手段评价染色体上单个基因的作用。每个基因有几种可选的形式,被称为**等位基因**(allele)。例如,人眼颜色基因上不同的等位基因会产生蓝色眼睛、褐色眼睛、绿色眼睛等等。或者,我们可以看看孟德尔(Gregor

Johann Mendel)关于豌豆植物的实验(Orel, 1984, 做过精彩的叙述)——这些实验建立了遗传学。在孟德尔研究的基因中,有一个基因是控制豌豆表面纤维的。一种等位基因会产生表面光滑的豌豆,另一种则产生表面皱缩的豌豆。基因一般都有可选择的形式,且这些不同的形式会在生物上表现出不同的可见效果。遗传学的目的,如同规则一样,就是要确定不同位置上各种可选择基因的作用。

在数学遗传学中,有一种传统的方法来确定这些作用。假设每种等位基因均会对生物的综合适应度(overall fitness)作出某种贡献,无论是正面的还是负面的。等位基因所作的贡献,是通过观察携带那个等位基因的所有个体的平均适应度(average fitness)而测算出来的。表面光滑的豌豆可能很容易发芽且生长很快,于是,表面光滑的等位基因将被赋值成适当的、正面的贡献。至少在原理上,我们可以通过确定每种基因和等位基因的贡献来研究它们。染色体的综合适应度(价值、强度)将是它的组成积木(等位基因)贡献的总和。

这种基于位对位的方法有两大困难。首先,给定的等位基因在不同的环境下有不同的作用。蓝色眼睛在北半球受到欣赏,但在赤道附近却不受欢迎。更重要的是,等位基因能相互作用。像眼睛的颜色和豌豆的表面特性那样的基因孤立起作用的情况很少见。特别的基因组合会影响到很多特性,不同基因的作用也是交叉的。简言之,在给定环境里的适应度是等位基因的一个非线性函数。

我们把焦点从遗传学转向IF/THEN规则时,上述第一个困难就自动解决了。IF/THEN规则的条件部分——IF,自动选定了规则起作用的"环境"。所以,对于规则各部分的评价就只能在被定义的环境里进行。第二个困难——非线性,则不那么容易解决,无论从遗传学的角度还是从规则的角度来看皆如此。我准备提出一个对这两个领域都适用的方法。

首先,我们必须允许可以在字符串的多个位置上使用积木。也就是说,我们应当允许一个积木包揽前三个位置,或者包揽1、3、7这三个位置。对我们的青蛙来说,这就是将"运动"、"小"和"在附近"合并起来构成一个积木。我们需要一种简单的方法来指定这个积木。我们要注意一些特殊的位置而忽略其他位置,这就要求我们使用一种新的"不在乎"符号,这个符号在描述规则条件的语法中很有用。我们使用新符号"★"以避免混淆★和#两种用法。如果我们对条件的第一个位置上置1的积木感兴趣,我们就用

$$1 ★ ★ ★ \cdots ★$$
$$| \leftarrow \quad L \quad \rightarrow |$$

来指定积木;如果我们对第一个位置为1,第三个位置为#,第五个位置为0的积木感兴趣,我们就用

$$1 ★ \# ★ 0 ★ ★ \cdots ★$$
$$| \quad \leftarrow \qquad L \qquad \rightarrow \quad |$$

来指定积木。这样指定的积木被称为"模式"(schema);字符串中包含非★符号的位置被称为模式的定义位(defining positions)。

注意,#与★的作用完全不同。回忆一下,规则中所有可能的条件集合可以形式化地表示为$\{1,0,\#\}^L$,即长度为L的所有字符串的集合为$\{1,0,\#\}$。每个条件刻画了它将收到的消息集合。我们可以用类似的方式解释模式。在定义模式的过程中,我们迫使条件中的一些位,即定义位,拥有$\{1,0,\#\}$的一个值,并且,我们对剩余的条件不做任何要求,而用★标明。那么,条件的模式集合就是形式为$\{1,0,\#,★\}^L$的所有字符串的集合。$\{1,0,\#,★\}^L$中的一个模式刻画了使用那个积木的所有条件的集合,与$\{1,0,\#\}^L$的一个条件刻画的它接收的消息集合一样多。

条件等同于它所接收的消息的集合,模式则等同于把它作为积木的条件的集合,这种数学上习惯用的手法有助于我们区别#和★。条

件1#111…1只接收了两个消息10111…1和11111…1。模式1★111…1
则定义了三个不同的条件1#111…1、10111…1和11111…1。这些条件
中的第一个接收两个消息10111…1和11111…1,第二个只接收了一个
消息10111…1,第三个条件也只接收一个消息111111…1。★帮助我
们定义了不同的条件**集合**,而#则帮助我们定义了不同的消息**集合**。

交换与模式适应度

有了积木的概念,我们就可以进一步讨论如何用一种谨慎的方式
生成似乎可能的新规则。从遗传学借来的一个隐喻可以扩展为一个真
正的过程。这个隐喻是这样的:基因在染色体上的位置对应于定义规
则的字符串上的位置;而不同的等位基因则对应于{1,0,#}不同的值,它
可以出现在规则串中的任何位置上。我们还可以再进一步引申。数学
遗传学通常要为每个染色体赋一个数值,这个值被称为**适应度**。它表
明了相应的生物产生可生存后代的能力,与孟德尔豌豆的情况一样。
用类似的方式,在信用分派下,赋予一个规则的强度表明了规则的有用
性。如果"生存"对应于"有用",那么,适应度就对应于强度。扩展这个
隐喻,我们姑且把强度看成是适应度的对应物。

这个扩展揭示了这样一个过程,适应的生物将是成功的**亲代**,可以
产生将来也成为亲代的后代。此类比表明,可以把较强的规则看成是
生成新群体的亲代。从这个对应中可以得出以下一些有用的想法。

■ 后代一般与亲代共同生存,通常会取代环境中弱小的
竞争者。在基于规则的系统中,这种安排非常重要,因为较强
的规则代表了知识的胜利。在竞争的情况下,较强的规则通
常决定主体的行为,因此它们是主体的内部模型的核心。

■ 后代与亲代**不**完全等同,所以这是一个真正的发现过
程。在遗传学和基于规则的系统中,后代可以导出将在环境

中接受检验的一些新的假设。在遗传学中,一种被称为**交换**(crossing over)的相互作用会引起亲代的特性在后代身上的重新组合。从规则发现的观点来看,正是这种等位基因**集合**的重组才最有意义,所以,我们将花一定的篇幅来讨论它。

交换是一种机制,人们用它来培育具杂交优势的植物和动物。一对染色体交换其遗传物质时所发生的情形,很接近于一种文字描述。在生殖细胞形成(减数分裂)阶段,来自亲代之中某一方的染色体,会与来自另一方的染色体交换,形成一种X形情况(这种排列可以在DNA的显微图像中实际地看到)。也就是说,X的"上臂"交换了位置(见图2.10)。其生成的结果是与亲代染色体不同的新的一对染色体。每个

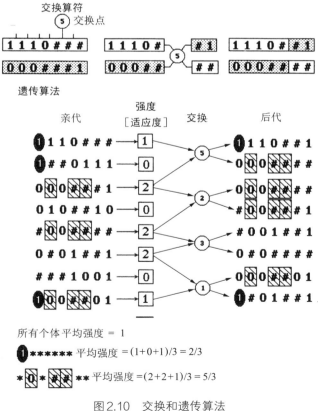

图2.10 交换和遗传算法

染色体都包含亲代双方的某一个片段,从起点到交换点,然后转到另一方的后半段。

我们知道,交换在获取玉米或种马的优势品性方面行之有效,但对于规则来说是否这样呢?在玉米或种马的情况中,我们已经知道什么品性需要增强,因此,就可以为此选择相应的亲代。然而当我们考察基于规则的主体时,我们事先还没有一个有关品性的表征。我们只有每条规则的综合强度。规则中个体积木(等位基因的集合)并**没有**单独的强度值。那么,我们如何对个体积木进行评价呢?更进一步,交换是否能够自动实施这种评价?

既然我们已有全部规则的强度这一数据,我们就应当从估算积木(模式)的值开始。首先要注意简单的模式——那些几乎所有位置上都是★的模式,会在拥有许多规则的主体中多次出现。例如,如果主体有很多规则,大部分通常是以1开头。它们都符合模式1★★…★。直觉告诉我们,平均地说,如果包含某个模式的规则强于其他规则,则这个模式就是有用的积木。要准确抓住这一直觉,我们必须能够将携带1★★★…★规则的平均强度与主体规则的综合平均强度相比。令所有主体规则的平均强度为A。首先确定A,然后确定携带1★★★…★的规则的平均强度。令后者为$S(1★★★…★)$。如果$S(1★★★…★)$比A大,我们就认为模式1★★★…★比平均的要好。

由于这只是估算过程,它可能在特例下会出错。主体规则或许会以某种形式表现异常。例如,与模式1★★★…★相比,主体过去的经历或许没有给出有关另一种环境条件的可靠的表达。那么,用到那个模式的规则的强度就会有些曲解。事实上,人类经常就是在这种误会中行事的。然而,这样的估算确实在这个以前一无所知的领域中,给我们提供了指导路线。如果它是错的,后续的估算将会纠正这个错误。这个过程很像是通过不断的实验对假说进行确证。

如果我们进一步简化模式间的关系，我们便可以把它们想象为形成了一个奇妙的"地貌"。每个模式对应于地貌上的一个点，该模式的平均强度就是地貌在这个点的高度。我们的目标就是要在这一地貌上发现比以前探测到的"山"更高的"山"。当然，实际上作为可能空间的子集模式形成了一个非常复杂的包含与横截的点阵，但地貌这一隐喻还是一个有用的出发点。

考夫曼（Stuart Kauffman）和他的同事研究了这些地貌的简化版本——$n\text{-}k$地貌（Kauffman，1994）。这种地貌有着内在的统计意义上的对称性，使我们能够进行数学分析。虽然分析这些特殊情况并不容易，但确实可以揭示出一些有意义的指导路线，这些指导路线可以被推广为在模式空间中成立的更为错综复杂的关系，然而这种关系还有待于建立。

即使利用了地貌隐喻，仍然存在一个没有解决的问题。对每个令我们感兴趣的模式x，如果我们要估算出它的值，就必须计算出平均数$S(x)$。到底有多少模式存在？数字很大，我们可以提供很多种选择来获得，但计算这么多个平均数却是件令人头痛的事。为了感受这个数字到底有多大，我们来看看长度为L的一个条件中能被发现的不同的模式总数。考虑条件

$$10\#10\#\cdots10\#$$

$$|\ \leftarrow L \rightarrow\ |$$

如果我们用★替换这个串中的一些符号，结果就得到成为该条件的一个积木的模式。假如这些替换是1★★★…★、10#★★★…★、★0★★0★…★0★和★★★…★★★10#。在这个给定串中，有多少种不同的插入★的方式？在每个位置上，我们有两个选择：要么保留原来的符号，要么插入一个★。所以一个条件有

$$2\times2\times\cdots\times2=2^L$$

$$| \leftarrow L \rightarrow |$$

个不同的模式。如果 $L = 100$,则有

$$2^{100} \cong 10^{30}$$

个模式。这是一个天文数字。如果我们平均每秒计算100万个模式,那也要用比宇宙的寿命还要长的时间,才能计算出**一个条件**的所有模式的一轮平均数。

这真是让我们进退两难。由于模式平均数的详细计算需要进行详细的统计调查,而即使是简单的情况,复杂的分析模式也只提供了有限的方法,所以,要完成这件事是不可能的。那么,我们怎么办呢?

遗传算法

由于没有什么工具可以计算 S 的平均值,对于进化过程,这个两难问题一开始就存在。但是,在实际的繁殖、交换和选择的相互作用中却发现和利用了积木。例如,在进化史早期产生的三羧酸循环(Krebs cycle)就是非常有用的积木,被用于大量的物种。它是基本的八步代谢循环,适用于几乎所有耗氧细胞,从嗜氧细菌到人类。在这些形形色色的细胞上,刻画这个循环的基因有着几乎相同的等位基因。三羧酸循环只是很多例子中的一个,任何一本分子生物学教科书都可提供数百个实例。似乎有必要了解,进化是如何在没有计算工具的情况下完成这么大量的计算工作的?

对于所发生的情况,我们可以得到一幅相当准确的图景,尽管我们舍弃了大部分细节。首先我们简化整个繁殖周期,只考虑繁殖和"染色体"的重组;同时用字符串代表染色体,以便进一步简化遗传过程。然后我们只用两种遗传操作:交换和突变。交换在上面已经描述过。**突变**(mutation),准确地说应该是**点突变**(point mutation),是个体等位基因随机修改的过程,基因会由此产生不同的等位基因。在规则串中,突变

将一些位置上的1随机触发为0或#。在生物系统中,交换远比突变要频繁,通常要频繁上百万倍。

为了模仿从当前一代产生新一代的过程,我们使用下列3个步骤:

1. 根据适应度繁殖。从现存群体(对主体而言就是规则的集合)中挑选字符串作为亲代。字符串适应度越大(规则越强),越有可能被选中作为亲代。一个具有高适应度的字符串可能要当多次亲代。

2. 重组。亲代串配对、交换和突变以产生后代串。

3. 取代。后代串随机取代现存群体中的选定串。这个循环重复多次,连续产生许多世代。

关键的问题是,在这个过程中,积木(模式)发生了什么变化? 此处进行一点计算很有帮助。为简单起见,令一个串的适应度直接决定在一个给定世代中它拥有的后代数目,且令整个群体的平均适应度为1,则平均每个个体产生1个后代。(这些都不会影响我的处理方法的有效性;只是简化了计算。)

考虑积木1★★…★,为了计算,假设它在群体中只有3个实例,适应度分别是1、0、1(见图2.10)。我们看看在步骤1时,该积木会发生些什么。1★★…★的3个实例将产生总共$1+0+1=2$个后代,或者说,每个实例平均有2/3个后代。注意,这个平均数只是平均数$S(1★★…★)$。因为这些只是携带积木1★★…★的字符串,该积木在新的一代中将只有2个实例(假设亲代只持续一代)。因为$S(1★★…★)=2/3$小于整个群体平均数$A=1$,这个有关1★★…★实例数的减少,正是由我们早先的估算过程产生的结果。

为了搞清楚数字变化后会发生什么变化,我们看看第二种情况,在同样群体中采用较为复杂的积木。考虑★0★##★★…★,假设它也有3个实例,适应度分别为2、2、1(见图2.10)。这3个实例将产生总共2+2+1=5个后代,即每个实例平均有5/3个后代。其结果又与估算过程产生的一样:$S(\bigstar 0 \bigstar \#\# \bigstar \bigstar \cdots \bigstar) = 5/3$,比$A = 1$大,所以,在下一代中确实会有更多的$\bigstar 0 \bigstar \#\# \bigstar \bigstar \cdots \bigstar$实例。

我们对群体中出现的每个积木都重复这个计算,可以获得每种情况的估算过程结果。因此,在依据适应度的繁殖过程中,高于平均数的积木被频繁使用,低于平均数的积木较少使用。

对于偏爱数学的读者,这一结果还有更简洁的形式。对任何属于$\{1,0,\#\}^l$的模式b,令$M(b,t)$为群体总数中第t代模式b的实例数。则

$$M(b,t+1) = S(b,t)M(b,t)$$

给出了繁殖后下一代(即$t+1$代)的实例数。这里,$S(b,t)$已经定义了它是b在时刻t的实例的平均强度。

这正是所希望的结果,那么,为什么要在步骤2中加入交换使过程变得复杂呢?稍加思考,原因就清楚了。步骤1中的繁殖只是简单地拷贝了已经存在的串;它没有产生任何新的组合。换言之,步骤1没有产生任何新假设,因此,主体将被限制在呈现于最初群体中的最好假设上。无论最初的群体多么大,产生新假设的可能性都微乎其微。在一个复杂的、变化多端的环境中,只采用步骤1的主体绝不可能与能够产生新假设的主体抗衡。这正是交换起作用的地方。

交换的作用

交换能够在不大举干扰步骤1的期望结果的情况下,重新组合模式。要明白这一点,我们必须细致考察,当两个真实的染色体交换时,到底会发生些什么。它们的交换点并不是事先确定的。事实上,两个染色体发生交换的位置的概率几乎相同(不考虑由着丝点和其他特殊的染色体组织所引起的一些扭曲的情况)。为此,我们可以假设,交换

点是在串上随机选定的。

继步骤1的繁殖后,紧接着发生步骤2的交换时,积木(模式)发生了什么变化呢?我们将看到,作用的效果取决于模式的**长度**。该长度就是在两个距离最远的模式定义位之间可能的交换点数(回忆一下,定义位就是任何不是★的位)。例如,在串★0★##★ ★…★中,第二、四、五位是定义位,所以,距离最远的定义位是第二和第五位。在距离最远的定义位间有3个可能的交换点,因此,模式★0★##★ ★…★的长度是3。

较短的模式不易被交换打乱,因为交换不能"打破"模式,除非它落在了模式的外边界之内(见图2.11)。没有被打破的模式将传递给下一

基因数:51

交换点数:50

模式1:

模式有3个内部交换点,所以在50个中有3个机会作为随机选取的交换点落入该模式内部。

模式2:

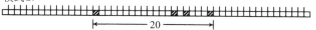

模式有20个内部交换点,于是在50个中有20个随机选取的交换点将落入该模式内部。

被交换所破坏的模式2示例:

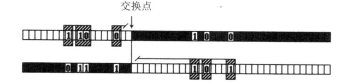

若两个染色体上模式定义位置处的值(等位基因)相同,则即使交换点落在模式外边界之内,该模式仍将被打乱。

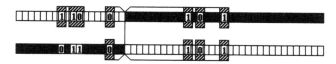

图2.11 模式上的交换作用

代,如步骤1所示。长度为L的串上有$L-1$个可能的交换点(基因**间**的点)。交换点落在模式外边界之内的机会,是模式的长度除以$L-1$。所以,当$L=100$时,在★0★##★★…★的例子中,99个之中只有3个导致交换打乱模式。也就是说,99次中有96次,模式将完整地传递给下一代。步骤1的这种推理成立。

用数学形式表示,若$L(b)$是模式b的长度,则$L(b)/(L-1)$就是交换点落在b的外边界之内的概率,且$1-L(b)/(L-1)$就是交换**没有**落在b的外边界之内的机会。如果我们假设,每次落在外边界之内的交换实际上都会打乱模式,那么,$1-L(b)/(L-1)$就是模式**没有**被打乱的机会。相应地,考虑到交换的这个作用,早先的表述就变成

$$M(b,t+1)=[1-L(b)/(L-1)]S(b,t)M(b,t),$$

其中$M(b,t+1)$是平均数或期望结果,因为我们现在处理的是交换的机会过程。

当然,越长的模式被打破的机会就越大;长度为50的模式,当$L=100$时,落在外边界之内的交换将超过半数。有两个原因可以说明,较长积木的这种打乱并不是什么问题。

首先,强度高于平均数的较短模式往往较早期被发现。其推理过程很像在缺省层次中较不具体的条件易早被发现:一个模式必须在它的每一个定义位上拥有{1,0,#}中3个字符的1个。所以,如果我们选择k个定义位的一个特定集合,就会有3^k种变异体。如果$k=4$,就会有$3^4=81$个不同的模式被检验。即使是很小的群体总数,也会在短时间内产生有用的所有可能的试验数。对于模式而言,定义位的个数至多比它的长度少1,短的模式变异体就少。这些变异体很快会被检验,并且,如果其中一些高于平均数的话,它们将立即被利用,就像在一个缺省层次中,一般的规则总是被较早地使用。

在继续讨论前,有必要回忆一下早先提到的一个问题。在一个长

度为$L=100$的串中,有约10^{30}个模式。即使我们把模式限制在4个位置上,在一个串中出现的这种模式数还是很大。事实上,当$L=100$时,要选择4个位置的不同集合,我们能列出4 000 000种方式。(简单的计算就可以显示出,从100个元素的集合中抽取4个有多少种不同的方法。)每一个串都包含了4个位置的4 000 000个不同的集合,所以,对**每一个**集合而言,每个串显示出81种可能的变异体中的1种。因为,对每个集合而言只有81种选择,我们可以断言,一个相当小的群体将检验出**所有**位置上的**所有**选择。特别是,几百个串的群体就能产生对定义在4个位置上所有$81×4\ 000\ 000$个模式的有价值的估算。稍微复杂一些的计算显示,即使这些模式的长度限制在10或10以下,仍旧有多于40 000 000的模式。十有八九,这种模式将被传递到下一代而不被交换打乱。当然,对于其他定义位数目较小的情况,类似的推理亦成立。

由此我们看出,采用遗传算法,即使我们把注意力限制在基本上不会被交换打乱的较短模式上,主体也要检验大量的模式。即使主体只使用很少的规则(串)仍是如此,因为如上所述,一条规则本身就是大量短模式的一个实例。如果在这些短模式中,**没有一个**始终保持具有高于平均数的行为,那就太令人惊奇了。

较长模式的交换打乱并非如此麻烦,其第二个原因来源于我们的观察,即复杂的模式一般由较短的、已确立的模式组合形成。较为复杂的积木通常由较为简单的积木组合而成。这个事实反映了我们早先观察到的情况,如内燃机之类的创新,常常是把相对简单、广泛使用的积木加以特定的组合。而且,像内燃机之类的设备,会进一步成为更复杂设备的中心部件。最终的结果就是一个等级,其中,某一级的积木组合后形成下一级的积木。在遗传算法中,也形成了类似的等级,其中,较高层次(较长的)模式一般由受过检验的、高于平均数的短模式组成。我们将看到,这个等级改善了交换的扰乱作用。

首先,在遗传算法下,由于步骤1中高于平均数者的复制,高于平均数的模式很快会占据群体的大部分。其次,考虑两个亲代串包含相同模式同一复本的情况,即使交换发生在模式的外边界之内,交换也不会打乱模式。交换的等位基因将被同等身份的等位基因所取代(见图2.11)。交换很少会打乱由高于平均数的短模式经过特殊组合而形成的长模式。如果这些长模式变成高于平均数的了,它们就会遍及整个群体。等级会更加完善,为更长模式的延续创造条件。这样一来,一种抗干扰模式的等级涌现了,与缺省层次涌现的方式相似。

突变的作用

步骤2还遗留一个问题:突变扮演着什么角色? 要搞清楚这一点,我们必须考察步骤3——取代。在繁殖、交换和取代("死亡")的过程中,给定的模式有可能出现在群体的**每**一成员中。当这种情况发生时,群体的所有成员都在模式定义的位置上有相同的等位基因。举例来说,模式1★★★…★在所有成员中都出现。所以,群体中**所有的**串都以1开头。那么,没有串是以0或#开头的。在所有可能的串的集合$\{1,0,\#\}^l$中,只有1/3以1开头。所以,在位置1上丢失了2个等位基因后,我们只能回到空间$\{1,0,\#\}^l$中仅1/3的概率了!更糟的是,一旦等位基因丢失,繁殖和交换的行为根本不能代替它们。在这种情况下,等位基因被说成是已经趋于**固定**(fixation)。如果k个等位基因趋于固定,我们只能去搜索空间$\{1,0,\#\}^l$的$(1/3)^k$。

我们或许接受这种看法,即当一个等位基因趋于固定时,遗传算法已经确立了那个等位基因的优势,所以我们不需要进一步尝试其他的选择了。除非我们非常肯定那个等位基因的优势,否则这会是一种非常糟糕的方式。我们的看法已经是一种抽样和估算了,因为$\{1,0,\#\}^l$非常大,不可能尝试选择项的所有组合。即使经过了大量的检验,估算仍可能出错。无论有多少实验支持我们对1★★★…★适应度的估算,我们都不能肯定在未被搜索的2/3空间里没有更好的串了。当给定积木(模式)的值取决于其他积木提供的情境时,这种担心就特别迫切。0★★★…★的适应度或许在★11★#★★…★中出现时被大大加强,并且,我们不得不对那个组合的实例进行抽样调查。如果位置1上的等位基因1趋于固定,遗传算法将没有机会观察0★★★…★和★11★#★★…★的组合情况,除非位置1上的1被解除了固定。

用数学形式,如果$P_{mut}(b)$是突变将要修改模式b的概率,那么$1-P_{mut}(b)$就是突变**不会**修改b的概率。加入这个因素,像我们在交换时做的那样,我们得到

$$M(b,t+1) = [1-L(b)/(L-1)][1-P_{mut}(b)]S(b,t)M(b,t).$$

这个公式给出了我们期望在应用了遗传算法的步骤1和步骤2后,模式b在下一代的实例数。该公式实质上就是遗传算法的**模式定理**(schema theorem)。

突变通过偶然地把某个等位基因改变为它的一个可选项,可以重新开始搜索。第一个位置上的1不断地变成0或#。这样,突变提供了繁殖和交换做不到的取代。计算结果显示,这种"保险政策"可以通过设置比交换率低得多的突变率而被唤醒。突变和交换的这种关系与生物系统的一个事实相一致,那就是,突变率的数量级比交换率的低。

组合效应

现在,我们把遗传算法的3步合在一起,看看它们如何利用高于平均数的积木产生新一代。步骤1,根据适应度进行繁殖,将有关模式平均数的估算作为启发式计算的论据,用以对待**所有的**模式:高于平均数的模式在下一代中将有较多的实例,而低于平均数的模式只有较少的实例。步骤2,交换生成的后代不同于它们的亲代,产生由步骤1传

递的模式的新组合。交换会更多地使用高于平均数的短模式,但可能会打乱长模式,特别是那些不把高于平均数的短模式作为积木的长模式。当交换打乱了现存模式时,以前没有尝试过的模式可能会通过片断的重新组合而生成。也就是说,交换可以生成新的模式,即使它只是把那些已存在的模式重新组合而已。突变在步骤2中为等位基因的丢失提供一个保险政策,它还能够通过改变现存模式的定义位生成新的模式。最后,在步骤3中,后代取代群体中已有的串。该过程引入了"死亡率",这可以使群体保持不变的规模。这些组合效应通过模式定理以数学形式加以总结(这种形式与前一节结尾处的方程密切相关)。

遗传算法最重要的特点就是,仅仅通过作用于整体串,就能够实施积木的复杂操作。前面我们就已经看到,积木的数目如此之大,以至于不可能显式计算出模式适应度的估算值,而适应度则对增加或减少给定积木的使用起着指导作用。这样一来,遗传算法就隐式地做到了显式计算不可能做到的事。整体串的操作(繁殖、交换和突变)并没有直接针对模式,也没有实施涉及它们的计算。但遗传算法的作用就像是进行和使用了这种计算一样。一代高于平均数的模式会在下一代频繁使用,而低于平均数的模式则较少使用。通过对数目相对较小的串的显式操作,来隐式地进行大量模式的操作,这种能力叫作**隐式并行性**(implicit parallelism)。

按照积木操作和隐式并行性来观照规则的产生,将从另外一个角度改变一些传统看法。考虑一个生物群体,例如人类。在给定的一代人中,没有哪个人与前一代的任何人是相同的。在一代人中,即使是最杰出的一些人也不会在将来的一代中重现。从古至今,再到将来,唯有一个爱因斯坦(Einstein)。在这里,我们遇到了一点难题:如果进化的过程在每一代都"忘记"那些最杰出的人,那么它"记住"了什么呢?隐式并行性给出了答案。特定的个体不会再现了,但他们的积木却会再现。

积木的这种重现与人工育种的功能很相似。每个纯种动物培育员都知道，某种期望的特性与特殊的血缘有关。通过选择性交叉育种，有些积木可以组合起来。虽然我们不会再次看到某一匹著名的良种马或良种狗，但它们的积木会一次次重现。

进化过程"记住"了提高适应度的积木的组合。一代接一代重现的积木，就是那些在经受了检验的情境中生存下来的积木。这些情境是由其他积木和物种居住的合适的环境生态位所提供的。事实上，在每一层上，都存在着连续检验的广泛的层次。最底层是特殊的、短的提供标准标识的DNA序列。这些标识有助于实施DNA翻译过程，例如DNA序列翻译的"开始"和"停止"密码，而DNA序列组成了染色体的等位基因。往上一层是等位基因本身。再上一层是等位基因的组合，即**共适应**（coadapted）等位基因，这种组合提供了一组高效酶的编码。三羧酸循环就是一个这种共适应集合的例子，它已经流传了几亿年。

总的来说，我们观察的积木是些**鲁棒的**（robust）积木。三羧酸循环如此鲁棒，以至于它存在于整个生物界。在这种观点下，一个层次上确立的积木，经过选择性组合，会成为下一个更高层次的积木，所以进化过程会在所有层次上不断地生成和选择积木。进化过程不断地创新，但在每一层上，它保留重组过的元素，从而完成创新。当在某一层上发现了一个新的积木，这通常开启了一整套可能性，因为它与其他现存的积木可能形成新组合。大量的变化和进步接踵而至。应用于规则发现的遗传算法，用极其简单的语法模拟了这个过程。

一个例子："囚徒困境"中的适应性主体

"囚徒困境"（Prisoner's Dilemma）是一个两人对策，它的情境简单明了，却抓住了政治交互和个人交互的主要内容。感兴趣的读者可以在 Axelrod(1984)了解这个对策的有关历史和重要性。这个对策的特色在于,由对策论推导的解决方案应该是逃避合作(即背叛),而在实际的反复对局中,局中人却发现了双方合作的好处。我先具体描述这场对策,再显示适应性主体学习对局的过程。

在"囚徒困境"中,每个局中人在每轮对局中只有两种选择,通俗地讲,就是"合作"(简称C)和"背叛"(简称D)*。因此,每轮对局都有4种可能的结果:(C,C)两个局中人都选择合作;(C,D)第一个局中人合作,第二个局中人背叛;(D,C)第一个局中人背叛,第二个局中人合作;(D,D)两个局中人都背叛。这4种结局可用下表中的得分(相对值)表示:

		第二个局中人	
		C(合作)	D(背叛)
第一个局中人	C(合作) D(背叛)	+ 3, + 3 + 5, + 0	+ 0, + 5 + 1, + 1

如上表所示,结果(D,C)对应(+ 5,0),表示第一个局中人得分 + 5,第二个局中人得分为0。

对策论给出的极小极大(minimax)解决方案使对手造成的最大损害最小化。它通过比较合作关系和背叛关系两种情况下的最大损害得出。如果第一个局中人选择合作(C,–),那么第二个局中人选择D回应的时候就产生了最大损害,即(C,D),这时第一个局中人的得分为0。如果第一个局中人"背叛"(D,–),那么第二个局中人也回应D时,同样产生最大损害,但这时第一个局中人的得分是 + 1。因此,第一个局中人如果总是背叛,则损害最小。这对第二个局中人同样成立。于是(D,D)就是极小极大方案。

---

　　* C和D分别为 cooperate(合作)和 defect(背叛)的缩写。——译者

我们很容易从表中看出,其实这两个局中人可以表现得再好一些。如果他们都采取合作态度(C,C),那么两个人在每一轮对局中都可以得分＋3,比极小极大解决方案好得多。其实在对局的多轮实际操作中,局中人在尝试过多种策略后最终会发现合作的好处,对策也最终以长期合作的形式稳定下来。实验表明,一个相当简单的策略"针锋相对"(tit for tat)就鼓励合作而惩罚背叛。为了更好地理解这个策略,我们需要更多地了解"囚徒困境"策略的有关概念。

这个多轮对策的策略是根据比赛的近期历史记录来决定下次的二择一行动方案。我们以一个简化的例子说明其思想。设置一个"记录范围",让每个局中人只记住最近三次对局结果。对于时刻 t,它的历史就是在时刻 $t-3$, $t-2$, $t-1$ 的三次对局结果,比如(C,D),(C,D)和(D,D)。实际上历史记录有 $4 \times 4 \times 4 = 64$ 种可能的情况,从(C,C)(C,C)(C,C)到(D,D)(D,D)(D,D)都有可能。如下面的表格中"历史"列所示。对局策略必须能够根据**每个**历史记录指明局中人的下一步行为(C还是D)。

下表所示是一种特殊的策略:针锋相对。第一个局中人在时刻 t 作出的回应只是重复第二个局中人在前一时刻 $t-1$ 的行为。即当历史以D告终时,下一个行为就应该是D;同理,当历史以C结束,下一个行为就应该是C。

索引	历史			行为
	$t-3$	$t-2$	$t-1$	t
1	(C,C)(C,C)(C,C)			C
2	(C,C)(C,C)(C,C)			D
3	(C,C)(C,C)(D,C)			C
4	(C,C)(C,C)(D,D)			D
⋮	⋮			⋮
64	(D,D)(D,D)(D,D)			D

如果我们给64种历史编索引,历史(C,C)(C,C)(C,C)的索引号为1……历史(D,D)(D,D)(D,D)的索引号为64,对局策略将针对不同的历史确定不同的行为;在历史1的情况下,取合作(C),在历史2的情况下,取背叛(D)……直到历史64。

采用历史索引,一个完整的策略就可以用64种位置的字符串来表示了。我们在字符串的第一个位置插入针对历史1而采取的行为,在第二个位置插入针对历史2而采取的行为,以此类推。

$$索引号(历史):1 \quad 2 \quad 3 \quad 4\cdots64$$
$$字符串(行为):C \quad D \quad C \quad D\cdots D$$

我们可以看到,这种针锋相对策略在奇数位置的行为是C,在偶数位置是D,产生如下字符串:

$$CDCDCDCDCDCDCDCDCDCDCDCDCDCD$$
$$CDCDCDCDCDCDCDCDCDCDCDCDCDCD。$$

快速计算表明,即使是像三步范围的"囚徒困境"那样简单的对策,其可能的策略数目也是极其巨大的,达2^{64}之多,大约相当于16 000 000 000 000 000 000!

我们可以考虑一个局中人使用一小**组**针对对手有待检验的样本策略开始多轮"囚徒困境"的学习,每个策略都可以视为一组刺激—反应规则,最近的历史记录就是决定反应行为的刺激。则适应包括两种行

全部策略 (局中人A)	平均得分 (对手局中人B)
CDDCCCCDCDCDDDCDDCCDCD…DCDCCDCCC	+ 0.5
DDDDDDDDDDDDDDDDDDDDDD…DDDDDDDDD	− 0.4
CCCCDDDDCCCCDDDDCCCCDDD…DCCCCDDDD	+ 0.7
.	
.	
.	
CCCCCCCCCCCCCCCCCCCCCC…CCCCCCCCC	− 0.2

为：(1)根据经验给每个策略打分；(2)创造新的策略来取代低分策略。策略的分数仅仅是在与对手较量后得到的平均分。遗传算法把这些分数视为适应度，故产生新的策略。

我们可以得到一个很有趣的启示：既然我们知道针锋相对策略是一个有利的策略，我们就可以由此预测遗传算法会使用何种模式（亦即积木）。偶数位的C和奇数位的D都是针锋相对策略的组成元素，那么满足这种需求的C和D的组合就应该能够提高策略的性能。比如CDCD这种使C在奇数位上的组合就是一种有用的模式。根据遗传算法的模式定理，这些积木应该随着新策略（字符串）的产生而更加频繁地出现。而且，随着积木越来越多地出现在不同位置上，交换就可以把它们组合起来，为后代产生更多的积木。

亲代串	后代串
交换点	
DDDCDCDDC｜CCDDDDDCC…CCCCC	DDDCDCDDCCCCDCDCDD…CDDDC
CCDDDCDDDCC｜CDCDCDD…CDDDC	CCDDDCDDDCCDDDDDCC…CCCCC

密歇根大学的阿克塞尔罗德（Robert Axelrod）在福里斯特（Stephanie Forrest）的协助下设计了模拟局中人，它以一小组随机选择的策略开始（见 Axelrod, 1987）。该模拟局中人使用遗传算法搜索一大组可能的策略。实验原本期望遗传算法能在若干轮对局以后找到针锋相对策略。实际上，遗传算法做得比期望的更好。它不仅发现了针锋相对策略，而且产生了比它更好的策略。这个策略考虑了可能"受骗"的情况：当历史表明局中人不会受骗，它就依旧使用针锋相对策略。

适应性主体和经济学

在"囚徒困境"那样的对策中，适应性主体能够学习策略，加上对策与经济学有着紧密的关系，这两者暗示了基于适应性主体的一种经济学方法。与阿瑟(Brian Arthur)在圣菲研究所的谈话促使我顺着这些思路，用一种更大胆的方式进行思考。受到安德森(Philip Anderson)和阿罗(Kenneth Arrow)组织的一些有创意的研究班活动的启发，我们的想法凝聚成一个采用适应性主体来模拟股票市场的项目。该项目是一种思想实验，而非尝试着进行预测；其目标是要更好地理解股市的动力学特征。

对传统经济学来说，股市的动态性质并不是一个自然研究领域，虽然看起来似乎相反。从传统的观点看，股市通过改变供求在小范围内变动，应该总能很快清算。传统的模型不容易导致崩溃、产生投机泡沫。不难指出其原因所在。传统的理论是围绕具有完美理性的主体[那些完美地预见自身行为后果(包括其他主体的反应)的主体]建立的。不寻常的动态因素，如崩溃和投机泡沫，通常被视为由偶然事件[如信息的噪声退化(noisy degradation)]造成的。

但是，真实股市的波动在很大的范围上要比驱使它们变化的供求波动迅速得多。阿瑟和我都认为，基于适应性主体(即那些具有有限理性而不是完美理性的主体)的股市，更容易展现"自然的"动态过程。特别是，我们感到由这种主体的内部模型产生的预期的推测会产生投机泡沫和随之而来的崩溃。换言之，我们认为，学习及其产生的不完美的内部模型，在不引入外部变量的情况下，会自动产生真实的动态。我们用基于计算机的模型，可以看到适应性主体的语法机制将能把我们带到多远。

我们在继续进行这项研究时，吸纳了其他一些人，如物理学家帕尔默(Richard Palmer)，以便进一步实施这个方法。在我们的模型中，少量的适应性主体在一只股票上交易，采用(非适应性的)专家程序裁定买方和卖方的出手量，从而决定当前价格(等于日平均价格)。为了产生股票市场的"匿名"效果,也为了使事情简单,一个主体在每个时间步上仅有的输入信息就是当前价格。这些信息或许已经被收入"历史"(像"囚徒困境"中的情况一样),在此基础上,主体在每个时间步上决定三种行为中的一种:买进、卖出和持有。由于持有的股票有"股息",所以,主体只是简单地持有股票就能挣钱。(这种股息决定了股票的"基本值",在此种最简单的模型中不会波动。)对任何给定主体的表现的测定,就是看它在交易中积累的钱有多少。

这个实施过程的细节并不比刚才描述的多,上述"囚徒困境"的例子也给出了一些有关的想法。所以,这里我就直接说结果。在一轮典型的交易中,主体由最初的随机策略开始。正如所料,最初的股市杂乱无章。但信用分派和遗传算法很快就为每个主体提供了基于经验的规则,指导它们买进、卖出和持有。主体可能会以这种形式建立规则:IF(价格是40)THEN(卖出),以及IF(价格低于40)THEN(买进)。市场很快就理顺了,并且开始像传统经济学所描述的市场那样。然后,一个主体发现了一条利用市场"惯性"的规则,即在股市上扬时,稍微"迟"一点卖出,以此来挣钱。其他的主体趋之若鹜,整个学习过程产生了一种新的市场形势,使这种趋势一度自动地更为突出。过了一段时间,在充斥了大量的自我实现的预言后,行为变得越来越夸张,导致了泡沫的产生,市场最终崩溃。在这个框架中,整个过程似乎很自然,没什么大惊小怪的。当我们"剖析"主体时,在这个简单的设置中,我们甚至发现了模拟诸如"宪章主义"等著名股市策略的规则集合。

我们的模型只是来自圣菲研究所工作间、在经济学中使用适应性主体的一种计算机模型。另一个由马里蒙(Ramon Marimon)和萨金特(Thomas Sargent)设计的模型,全然与股市模型一样有意义(见Marimon,McGratten, and Sargent, 1990)。这个模型建立在经济学中的一个经典模型威克塞尔三角(Wicksell's Triangle)上。威克塞尔三角由三个"国家"组成，每个国家生产一种产品。问题是这样提出来的，因为每个国家生产的产品不完全是自己要消费的；这个国家所需要的产品恰恰是其他国家生产的。对这些国家而言，什么是有效的贸易模式？威克塞尔三角还关心"货币"的突现，把多种产品作为交换的中介。

在威克塞尔三角中，每个国家的活动情况非常简单，对于以适应性主体为基础的计算机模拟来说似乎是现成的。经济学家对此种三角做了很多研究，可以用各种数学方法加以比较。以随机选择的主体开始，计算机模拟确实展示了在很多条件下，一种产品作为交换中介出现的情况。在模拟中，对突现的条件做了详细的检验，为决定哪种产品作为其他交换的基础提供了指导。

旨在用适应性主体研究有限理性及随之而来的经济动态的努力，对我来说很有启发，也充满了希望。因为这种系统并不稳定，甚至也不长期处于准平衡(quasi-equilibrium)状态，这为经济学提供了一个窗口，而通常的严格研究不容易得到这种结果。经济学家可能会问，"在这样一个呈现恒新性的系统中，我们究竟能学到什么东西呢？"但是，这种情况并非与气象学家面对的情况有很大差别。不论是从时间还是从空间的角度看，天气处于永不重复的变化之中。虽然我们不能详细预测几天以后的天气，但我们能够充分认识相关的现象，以便作出许多有用的调整，无论是短期的还是长期的。对于我们基于适应性主体的经济学研究，如果想要取得进展，就必须找到与气象上的锋面和射流极为相似的东西(提醒读者，即具有标识的聚集)。那么，我们就能够揭示出一些关键性的杠杆支点了。

扼要重述

现在，我们可以回头看看，在描述适应性主体的这个框架中，我们放弃了什么，保留了什么。按照这个想法建立的框架由三大部分组成：（1）执行系统，（2）信用分派算法，（3）规则发现算法。

（1）执行系统刻画了主体在某个固定时点上的能力，即在尚不知道进一步如何适应的情况下能够做什么。执行系统的三个基本元素是：一组探测器，一组 IF/THEN 规则和一组效应器。探测器表征主体从环境中抽取信息的能力，IF/THEN 规则表征处理那些信息的能力，而效应器则表征它作用于环境的能力。这三个元素都是抽象的，剔除了机制的细节，可应用于不同种类的主体。

仔细考察探测器的概念，我们就会更好地理解何所失、何所得。抗体使用的探测器依赖于化学键的局部排列，而生物体的探测器可以用它们的感官很好地加以描述，商业公司的探测器通常用它各种部门的职责来描述。在每个例子中，都有些关于从环境中抽取信息的特殊机制的有趣问题，但在此我们将这些问题放在一边。我们的框架集中于所产生的信息——主体对之敏感的环境特性上。我们利用了这样一个事实：任何这种信息皆可用二进制串表示，此处叫作消息。我们获得了用统一方式描述主体抽取环境信息能力的能力。在用对消息敏感的效应器去定义执行系统影响环境的能力时，我们同样有失有得。

对主体在内部处理信息的能力，我们有着同样的考虑。机制是各种各样的，但我们把注意力集中于信息处理上。把 IF/THEN 规则与消息结合起来，我们得到了这种形式的规则：IF（在消息录上有类型 c 的消息）THEN（在消息录上发送 m）。这样做，我们丧失了特殊主体处理信息所使用的机制的细节。例如，如果我们研究胚胎发育中基因开启和关闭的过程，我们丧失了所有吸引人的关于阻抑（repression）和去阻抑（derepression）的特殊机制的细节。但我们保留了对于事情发展阶段的描述，以及在每个阶段反馈的信息。总的来说，我们获得了这样一种能力，它可以描述任何在计算机上建立的模型进行信息处理的能力。

由于许多规则同时起作用,我们获得了描述复杂适应系统分布式活动的一种自然方式。特别是,具有并行性的系统可以用熟悉的元素自动描述新的情况;以缺省层次的方式存在的内部模型是自然形成的。在CAS中,这两种活动都是普遍存在的。

一旦我们选定基于规则的执行描述,那么适应过程就继续提供了框架的(2)和(3)部分。

(2)信用分派的本质是向系统提供预知未来结果的假设——强化能够用于后期使用的规则,公开地奖赏其活动。对于CAS来说,这种过程提出了我们至今还没有真正探讨的一个问题。究竟什么是应该考虑奖赏的? 我们将在下一章较为深入地分析这个问题,这里只是稍稍涉及。

在遗传学、经济学和心理学的数学研究中,往往靠裁决解决这个问题,即对感兴趣的对象赋以某种数值。染色体被直接赋以适应度,货物被直接赋以效用,行为被直接赋以奖赏。但是,问题是非常微妙的。考虑一个生物体的行为。一般地,进化建立起来一定的内部探测器,那些探测器记录"储蓄仓库"中食物、水、性等的状态。生物体的行为就是要保持这些探测器不要"耗空"。对于更复杂的生物体,这项任务要牵扯到很多设置和预测。它是一种间歇获得报偿的永无止境的游戏。任何行为的值都取决于游戏中当前的位置和储蓄仓库的状态。换种方式说,对CAS而言,有利数字常常是隐式定义的。在分布式系统中,采用局部给予报偿的竞争,是我们处理这类问题的几种手段之一。我们很快就会看到,这种竞争在CAS中多么普遍;现在,我们只需注意到,竞争是用于描述适应性主体行为的信用分派方法的基础。

(3)规则发现,即近似合理假设的生成,集中于经过检验的积木的使用上。过去的经验会直接体现出来,而创新有着广阔的空间。这种重新组合积木的特定方法在遗传学上用得很多,但任何一个具有普遍性的过程都可以用这种方法抽象出来。利用积木,我们甚至可以描述思想的神经生理学理论。不妨看一看赫布(Hebb,1949)早期的、至今仍很有影响的论文。在赫布理论中,**细胞集合**(cell assembly)就是几千个相互关联的能够自动保持回应(self-sustained reverberation)的神经元集合。细胞集合的运行有点像通过标识耦合在一起的一小簇规则。多个细胞集合的行为之间是并行的,通过大量的突触神经元之间的接触(一个神经元可能会有上万个突触)广泛地传播消息(脉冲)。细胞集合通过招募(吸收其他细胞集合加入)和分化(分成作为后代的片段)竞争神经元。我们很容易把这个过程看成是经过检验的积木的重组。此外,多个细胞集合可以集成为叫作**相序列**(phase sequences)的较大结构。事实上,重新阅读赫布的论文,不难发现处处都有与我们讨论的所有过程对应的东西。

鉴于标识在规则耦合和提供后续活动方面起着如此重要的作用,故重要的是注意它们也拥有积木。标识实际上就是出现在规则的条件和动作部分的模式。这样的话,它们的操作就与规则的其他部分一样了。已确立的标识——那些见于强规则中的标识,会育出相关的标识,提供新的耦合、新的集合和新的相互作用。标识总是试图通过向缺省层次提供的骨架加入血肉(关联),来丰富内部模型。

继续前进

有了这些定义和相应的过程,我们就有了统一的方式来描绘CAS中出现的适应性主体的复杂情形。适应性主体统一描述的可能,给我们在一个通用框架中描绘所有的CAS带来了希望。不同CAS的交叉比较有了新的意义,因为它们可以用一种通用语言做到这一点。我们能够把在一个CAS中突出和明显的机制,翻译到另一个机制可能模糊,但很重要的 CAS 上。在寻求一般原理时隐喻和其他指导变得更为丰富了。这种寻求变得更为直接、更有希望了。

要想明白这样做的效果,不妨再看看纽约市。即使系统处于 CAS 连续统的对立端,有趣的比较也还是可能的。例如,可以把胚胎比喻为与城市极为相似的东西。如果我们回顾 4 个世纪前纽约的起源,并在时间标度上作些适当的调整,那么城市的发展和胚胎的生长确实有些相似。两者都从相对简单的种子开始。两者都在生长和变化。两者都发展了内部边界和子结构,拥有了用于通信和资源传输的不断完善的基础设施。两者都适应内部和外部的变化,把紧要功能控制在较窄的范围内,从而维持了协调运行。并且,根本点在于,两者都拥有了大量的适应性主体——前者是各种各样的公司和个人,后者是形形色色的生物细胞。

我们能否从这些相似性更进一步,而不是只停留在有趣的轶事上呢? 在胚胎发育过程中有杠杆支点吗?(例如,我们对形态发生已了解得相当多了,见 Buss,1987。)胚胎发育对我们改变城市的发展具有启发作用。后面我们将看到,危机对改变城市的习惯提供了不寻常的机会。我们在胚胎中引入的实验性危机,能否在这方面有所启发? 我们能否在"解剖学"意义上作些比较? 这也许会对我们有所帮助,达尔文(Charles Darwin)就是用解剖比较的方式发展了他的自然选择理论。

为了在这一点和类似的问题上取得进展,我们需要在更广阔的背景下对适应性主体使用我们的通用表示方法。我们必须提供一个环境,允许我们的遗传主体在其中相互作用和聚集。这就是下一章的主题。

第三章

回声导致的涌现

现在,我们可以具体描述适应性主体的行为以及交互作用。尽管各种主体的外在形式可能多种多样,我们依然可以用一种通用的格式来刻画它们。有了对适应过程的新理解这样一个背景,现在我们可以把复杂适应系统看作一个整体。在这里我们直接面临的问题是:如何区分CAS和其他各种系统。其中最明显的一个区别就是组成CAS的主体的多样性。这种多样性是在不同CAS中相似机制的产物吗?另一个区别尽管同样普遍和重要,但更加微妙。这就是,CAS中主体之间的交互活动受制于从学习与长时间适应中产生的期望。在特定的CAS中,有些期望为大多数主体所共有,另一些期望则因主体而异。是否存在某种有益的总体描述,能够概括这些期望呢?综合多样性和期望这两个特征,可以在很大程度上解释CAS行为的复杂性。这两个特征都来源于类似的适应和进化机制。那么,能否找到一种方法把这些机制统一到一个能包含所有CAS的严格框架中呢?

只有通过一个统一的模型,我们才能进一步认识诸如杠杆支点之类的临界现象。我们已经知道这一现象的一些特例,例如在免疫系统中起着杠杆作用的疫苗,引导和重新引导细胞活动的酶,引起中枢神经系统永久改变的暴惊,把一种新的生物(如兔子)引入不存在天敌的生态系统(如澳大利亚)中,等等。在这些例子中似乎存在着相似性,当然这些还远不足以刻画使杠杆作用成为可能的条件。每当我们研究一种不同的CAS,总会从头开始新的搜索,而不大可能求助于以前的事例。仅仅从以上例子,我们很难获知激励微软公司飞速发展和影响金融杠杆效应的经济条件。我们需要一些超越某些特定CAS的指导性纲领,而这些纲领很可能只有在我们认识了支撑CAS的基本原则之后才能得知。看来,只有在抽取CAS本质特征的计算机模型的帮助下,才可能增进我们对CAS基本原则的认识。

按照科学研究通用的方法,提供适用于所有CAS的框架和理论,依赖于两方面的活动:(1)提供一个有组织的数据集;(2)借助数学,使用归纳法来找出生成这些数据的规律。人们很熟悉这个过程,这可以说是课本中的老生常谈。但它确实能够帮助产生一些范例。我最偏爱的一个例子来自科学的早期时代。第谷·布拉赫(Tycho Brahe)在16世纪做了许多工作,认真记录夜晚行星的位置,从而得到了这些行星在数月中沿S形轨迹运行的曲线。后来经过深入的研究,开普勒(Johannes Kepler)认识到以太阳为其一个焦点的椭圆模型可以产生这些数据。[第谷·布拉赫和开普勒之间的这种交流情况以及研究结果,在Lodge(1950)中有精彩的描述。]然而,当这个经典范例被翻译成CAS研究的时候,就会出现一些不寻常的扭曲。

本章使用了一系列越来越复杂的模型,来描述组织复杂数据过程中所使用的筛选过程。1975年,我使用这些模型的早期版本(Holland, 1976)进行研究,部分观点在法默(Doyne Farmer)和兰顿(Chris Langton)举办的研讨会上得到了改进,那年我在"山上"(指洛斯阿拉莫斯国家实验室)做乌拉姆访问教授。然而,直接促进这项工作的导火索是盖尔曼的要求。他问我能否建立一个简单而高度可视化的模型,来解释自然选择造就复杂结构的过程。很难对盖尔曼说不,他很固执。于是我开始思考如何既满足他的要求，又能继续推进我自己的研究目标。最终产生了回声模型（Echo model），尽管我担心它并不符合盖尔曼的要求。

回声模型基于第一章为研究CAS理论提供框架时所列举的基本机制和特性。通过把这个框架转换成计算机模型（下一章的主题），我们将可以有一个更加严格的表示。计算机模型可以"运行"，这样我们就可以观察到机制的作用过程和相应的结果。（这就好像第谷·布拉赫和开普勒使用太阳系仪来获取行星的位置信息。）因为CAS非常复杂，有着明确定义和可操作机制的计算机模型，为探索CAS规律提供了关键性的中间步骤。这些模型模拟相关的CAS现象，把CAS数据存入严格的格式，从而方便了模式和规律的描述。

CAS数据的组织

有时候数据的组织非常简单，比如第谷·布拉赫仅仅需要记录每个行星的时间和位置。然而，随着要记录的东西逐渐增多，数据的组织就变得困难起来。现代实验物理学家长期苦苦地思考，在何种条件下应该使用什么仪器和什么测量方法。理论推导的需要以及目前理论的漏洞都会促进这些方面的进一步发展。如果实验者灵机一动，就产生**判决性实验**，这种实验将表明某些假定的规律或机制是否足以产生预期的数据。在设计实验过程中，研究者需要决定包括什么、不包括什么，以及什么需要保持不变（如果是可以支配的话）。实验者只不过是通过组织实验条件来组织数据。

然而，在这种数据的抽取和组织方面，CAS遇到了一些根本性的困难。比如，在天文学中，实验者无法让实际系统停下来，在不同的条件下再运行一遍。实验者甚至在从哪个角度观测系统方面都要受到一些限制。经济学家可能确信高利率会妨碍长线投资,但是这个论断无法用受控条件下的实验来证实,即使经济学家有足够的实验能力也不能这样做。几乎所有的CAS都遵守所谓的"第三哈佛生物学定律"——只要有认真的研究计划、一定的受控条件,使用经过挑选的主体,复杂适应系统就能够按照人们的要求,产生种种预期的表现。

在本书的开头,我曾经强调过,在建立模型的时候,我们应该从各种特异性中抽象出它们的普遍特征。要开发适用于所有CAS的模型,这种抽象至关重要。这对于CAS来说是一个不同寻常的难题,因为那些特异性本身往往是一个迷人的有趣问题。然而,要想获得一般性的认识,就必须抛开这些特异性。我们需要一种过滤——为研究所有CAS提供指导的一些更简单的模型。

计算机模型的好处,在于它们能够被随心所欲地启动、终止和操纵。然而,这种灵活性也就是产生困难的根源。即使在计算机模型被用来认真地模拟某个特定系统时,它实际上也已经是对数据的一种抽象。当然,精心设计的物理实验或多或少也是如此,虽然它直接操纵物理对象,许多有影响的因素都被特意抑制或者排除了。计算机模型在这方面走得更远。它决不天然受制于物理实在。实验者可以随意安排任何怪异的或者偶然设立的可计算的定律。要想使计算机模型真正有用,既要谨慎又要有洞察力。

即使是为思想实验设计的模型,也必须注意依据数据以及从数据中引申出来的规律。设计者必须仔细选择设置,如同做物理实验那样。但还要加一个限制约束,就是这种设置必须在物理上是可行的,这个问题在物理实验中会自然而然地碰到。模型的确组织数据,在这一点上它类似于第谷·布拉赫使用的表格,但是计算机模型所做的还不止这些。当模型运行起来,它就会准确地展示出设计的实现结果(就好像第谷·布拉赫的表格活动起来了!),这就使计算机模型成为实验和理论之间的中途客栈。回头看看数据，我们就能够判断结果是否合理，往前看看理论，我们可以知道能否推导出一般规律。

由于在主体的适应过程中，情境（即上下文、周围环境）和活动都在不停地变化，发现杠杆支点及其他临界的CAS现象就显得尤为困难，甚至我们往往难以确定某一特定活动的实际效用。一个特定主体的各种活动的效用，在很大程度上依赖于其他主体提供的、不断变化的情境。在拟态、共生和其他许多情况中，主体的"福利状况"往往主要是依赖于其他主体的行为。在这些实例中，适应度（报酬、收益）都是被隐式定义的。由于适应度不论如何定义都与情境相关，且不断变化，所以我们无法给染色体的适应度赋予某个固定的值。对于所有的CAS而言，事情都是这样。因此，我们要做的第一件事就是提供这样一类模型，其中每一个适应性主体的"福利状况"都来自其他主体的交互作用，而不是一些预定的适应度函数。

我们正在进入一个新的领域。即使在最简单的情况下，现存的模型都极少反映这种调整适应度的隐式方法。亚当·斯密1776年在他的《国富论》一书中讨论的所谓大头针工厂的产生仍是一个谜。这个工厂是关于生产线的最早例子中的一个：一个工匠取出金属丝，另一个把它修剪成一定的尺寸，下一个人则把针头削尖，如此等等。结果生产效率是单个工匠独立工作的10倍。亚当·斯密和后来的评论家对相关因素进行了许多讨论，比如专业化、更高效率的学习、批量购买。但我们没有任何模型演示各个独立的技工如何组织成为一个工厂的转变过程。是什么活动和主体之间的交互作用导致了有组织的聚集？促进这种聚集突现的适应机制是什么？给大头针工厂赋予一个较高的、先验的（a priori）适应度并没有太大意义，也不能增进我们的理解。适应度必须产生于具体的情境。

回声模型的判据

现在,我们需要为上面所描述的模型,提供一个具体的实例。本章的余下部分将表述这个被称为**回声**的模型(实际上是一类模型)。通过阐述建立统一模型的一种或多种可能性,回声模型为我们提供了一种重新表达我们以前遇到过的问题的方式,以适用于所有的CAS。回声模型的表述遵照以下几条判据:

(1)回声模型应该尽可能简单,并与其他判据相容。这一点是对于思想实验而言,而不是对于实际系统的模拟而言。[虽说简单,实际上可用于模拟某些实际系统。一个典型例子是Brown(1994)作出的,即关于亚利桑那一个生态系统中数据持续的变化,此时一个大捕食者(即长鼻袋鼠)被逐出生态系统。]这种简单化实质上是通过限制回声模型中适应性主体的行动范围来实现的。通过对交互行为的细致限制,各主体只保留最原始的内部模型。

(2)回声模型应该能够描述和解释主体在宽泛的CAS环境中的行为。特别是,回声模型应该能够帮助我们研究分布在不同空间("地理")且具有流动性的主体之间的交互作用。应该能根据需要为不同地点的主体分派不同的输入(刺激和资源)。

(3)回声模型应有助于进行适应度进化的实验。因此不应该把回声模型中的适应度作为系统外的某种东西(一种外生因素)固定起来。相反,适应度应该依赖于其所在的地点及那个地点的其他主体的行为(多种内生因素)。主体的适应度应该随着系统的演化而改变。

(4)回声模型中的最基本机制应该在所有CAS中都有现成的对应物。这有两个好处。第一,保证对结果的解释与对机制的现成解释相一致。模拟毕竟只是对数字和符号的操纵。这很容易导致以一种肤浅的,甚至是滑稽的方式给输出"贴标签"的倾向,因而使解释受到"目击者"式歪曲。对最基本机制的明确解释,能够通过限制贴标签来防止这种倾向。第二,通过这样的解释就可以确定,所选的机制是否足以产生有关的现象。例如,在进化生物学中曾经有一场讨论,标准的达尔文机制是否足以产生在古生物学记录中所表现出来的群落局变(见Gould,1994)。虽然模拟不能确定某个指定的机制是否确实存在(只有观察才可以确定),但是它却可以帮助我们确定这些机制的充分性或似真性。

(5)回声模型应该尽可能容纳一些著名的特定CAS模型。这条判据体现了玻尔(Niels Bohr)有效运用于量子物理学发展的对应原理(Correspondence Principle)(见Pais,1991)。有许多经过充分研究的数学模型,只要经过适当的转换就适用于所有的CAS。比如生态学中的生物学军备竞赛(图1.12和Dawkins,1976)和拟态生存(Brower,1988);经济学中的威克塞尔三角(Marimon,McGratten,and Sargent,1990)和复合生成模型(Boldrin,1988);政治科学中的囚徒困境(Axelrod,1984);运筹学中的两个武装匪徒(Holland,1992);以及免疫学中的抗原—抗体匹配(Perelson,1994)。如果我们能把这些模型经过转换,作为特殊案例纳入回声模型的框架,将会获得几方面的好处。其一,我们搭起通向那些已经在本学科得到仔细研究的范式模型桥梁,这些模型业已被改造成为一些关键问题的有用的抽象。回声模型把这些抽象看作特殊案例纳入,从而得益于案例所包含的思想和对数据的选择。其二,回声模型将会更容易让人接受,在创立新学科时能够接受严格的审查。其三,经过解释的最基本的机制还可以给回声模型提供更有力的支持,从而限制"目击者"式解释。

(6)回声模型应该尽量在各个方面都能经得起数学分析的考验,要想从特定模拟达到有效的推广,这是必经之路。玻尔式对应应该提供一些数学路标,在模拟的指引下我们将能把它们嵌入更完整的地图。

在按照以上6条判据开发回声模型的时候,我采取了步步为营的方法,而不想直接取得一个一揽子模型。每一步加入一种新的机制,或对原有的机制进行修改,然后描述相应结果的变化。第一个模型在这样做的过程中只是在一定程度上满足了上述所有判据。它特别强调要避免把适应度标准定得太死:主体的生死存亡取决于它们收集关键资源的能力。随着进一步机制的逐渐加入,收集关键资源的方式也得以扩展。伴随主体的演化,相应的捕食、交易、觅食、分化等都会出现,并实质性地发生进化。为主体提供足够资源的原始机制的各种组合,不管多么古怪,都能够传递下去,并且成为产生后代的积木。系列中最后的模型将注重于主体的适应度的变化,这些主体的组织结构逐渐多样化,包括从单个"种子"萌发出来的结构。

尽管对每个模型的各个相关部分都进行过模拟,但此系列中只有第一个模型经历了广泛的检验。待我将诸多模型描述完毕,再讨论何去何留就会变得比较容易。本章最后一节将描述最复杂的模型应该呈现的一系列交互作用。在不同的层次进行检验,我们就能获得有助于研究实际CAS的一些有用的指导,即使实际CAS只展示预期交互作用的很少一部分。在这方面,模型的作用类似于数学理论,即在严格的情境中摈弃细节、突出关键特征。与数学不同之处在于,这里的模型并不能做严格推广。

回声模型的建立

资源和位置

回声模型的基础是通过指定一组"可更新的"**资源**(resource)奠定的,对这些资源的处理是相当抽象的。我们可以用字母来表示资源,比如,用{a,b,c,d}代表4种资源。回声模型中的**一切**都是通过把这些资源组合成字符串构造的。这些资源就像是原子,被组合成字符串"分子"。然而,这些资源并没有复杂特性的束缚,所有的字符串都是可容许的。因此,把{a,b,c,d}作为资源,所有基于这4种资源的字符串,比如ab,aaa,abcdabcd,都是回声模型中可容许的结构。我们将简要地看一看,主体是怎样由这些字符串构造起来的。

回声模型的"地理环境"由一组相互连接的**位置**(sites)规定(见图3.1)。位置之间的相邻关系——并置的模式——是非常随意和不规则的,就好像在连绵不绝的丛山中观看邻近的山峰。每个位置皆由资源泉源(即该位置处基本资源的上涌)所刻画。如果我们把时间分成离散

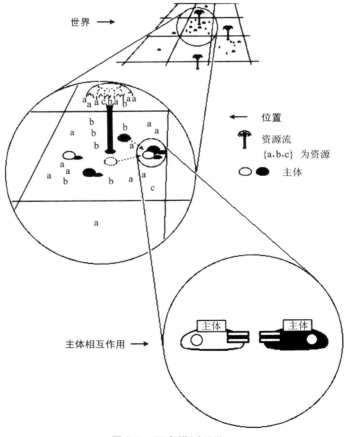

图3.1　回声模型总览

时间步,就像数字钟表那样,那么资源泉源就描述该位置在每一个时间步出现的资源量。资源量因位置而异,可以是零或更多。有的位置可能根本没有任何资源输入,被称为"沙漠";有的位置则拥有丰富的资源输入,这可以被称为"喷泉";还有的位置可能有一定量的资源输入,则可以被称为"池塘"。主体在多个位置交互作用,一个位置也可以容纳多个主体。

模型1: 进攻、防御和仓库

在模型1里面,主体只有两个组成部分:存放所收集资源的**仓库**(reservoir),以及一个由代表资源的字母组成的、表示其能力的"**染色体**"字符串(见图3.2)。我在这里需要强调指出,这种意义下的染色体只拥有真正染色体的部分特性。这个术语只是一个暗示,它与真正染色体有一定的相似之处(后面的模型比这里更多),然而,真正染色体与生物体结构的关系更为复杂。这里的染色体只保留了真正染色体的两个重要特征:(1)染色体是主体的遗传物质,(2)染色体决定主体的能力。特别是,在这个模型中,一个主体与其他主体交互作用的能力,取决于在染色体字符串的片段里定义的标识。尽管交互的模式能够包含

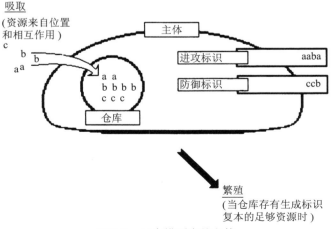

图3.2　回声模型中的主体

大量的、其他真实主体的交互方式，它实质上是抗体和抗原交互方式的一种体现。

回声模型的关键在于，它规定主体只有在收集了足够的资源、能够复制其染色体字符串的时候，才能繁殖。因此，主体的适应度，即繁殖后代的能力，隐含在其收集资源的能力中。还有一些与真实有机体的不同之处。模型中的染色体代表整个主体的结构，包括细胞质和细胞核。这种表示大大简化了对结构和适应度的定义。主体既可以从所在位置收集资源，也可以从与此处其他主体交互过程中获取资源。

在这第一个简单模型中，每个主体有一个染色体，染色体只是刻画两个标识：**进攻**标识（offense tag）和**防御**标识（defense tag）。模型中所有的交互活动都受这些标识的调节。当两个主体在某个位置相遇时，一个主体的进攻标识与另一个主体的防御标识进行匹配，反之亦然。目标是利用匹配的封闭性来确定资源应当怎样在主体之间进行交换（见图3.3）。比如，如果一个主体的进攻标识和另一个主体的防御标识匹配得很好，那么它就能获取对方的大部分资源，甚至可能获取其染色体上面的资源（从而"消灭"对方）。另一方面，如果一个主体的进攻标识和另一个主体的防御标识不怎么匹配，这个主体就只能获得对方库存中过剩的那部分资源，或者一无所获。

要确定一个主体的进攻字符串与另一个主体的防御字符串的匹配情况如何，就应当将这两个标识字符串对应放好，使左端对齐。顺着字符串逐个位置地比较，由此来决定**匹配分数**（match score）。参照一张为所有可能的字母对打分的表，对每个位置赋予一定的分数（见图3.3中的位点分数线）。比如，b遇上b加2分，而b遇上d则减2分。如果一个标识比另一个标识长，那么没有配对字母的位置将被赋予某个固定的分数（正分数或负分数）。最后的匹配总分则是这些得分之和。

在这个模型中，一个给定主体的前途完全取决于它携带的标识

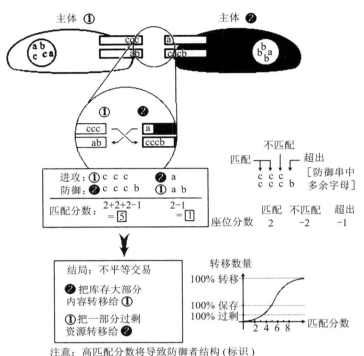

注意：高匹配分数将导致防御者结构(标识)
中的资源(字母)转移出去，致使防御者死亡。

图3.3 资源交换

对。通过把防御标识指派给位置,我们还能把这种方法扩展到主体与位置之间资源的交互。主体获取的资源与它的进攻标识和其他主体或位置的防御标识的匹配程度成正比。它避免资源流失的情况,与其防御标识和其他主体的进攻标识的不匹配程度成正比。

乍一看,让一个主体只拥有一个标识似乎能进一步简化模型。然而,稍微考虑一下我们就会发现,如果这样做,将会失去关于CAS交互作用的一个重要特征。每个主体拥有一个标识,会产生交互活动的**传递性**。倘若主体A可以"吃掉"主体B,主体B可以"吃掉"主体C,则由于只受一个标识的指引,通过传递性,主体A就可以"吃掉"主体C。CAS交互作用通常并不满足这个特性。在一个真实的生态系统中,鹰吃兔子,兔子吃草,但鹰并**不**吃草。因此,使用两个标识会使我们避免这一局限(见图3.3)。

只要我们撇开传递性,即使是这个简单的回声模型也为我们展示了主体间的有趣关系。比如,霍尔多布勒(Hölldobler)和威尔逊(Wilson)在他们的名著《蚂蚁》中描述的一个很有趣的三角关系,就可以在回声模型中得到模仿(见图3.4)。交互三角的一个角被一种皮肤能分泌蜜汁的毛虫占据;另一个角被苍蝇占据,它把卵产到毛虫身上,从而通过其幼体成为捕食者;第三个角则被一种凶猛的猎食蚁占据。此蚂蚁被毛虫的蜜汁所吸引,且吞食蜜汁,但它并不吞食毛虫。当毛虫为蚂蚁所包围的时候,自然会大大减少被苍蝇捕食的机会。实际上,毛虫是

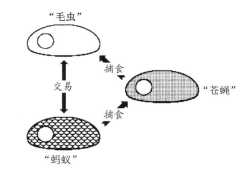

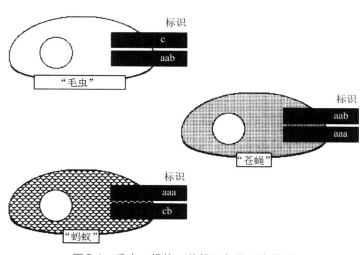

图3.4 毛虫—蚂蚁—苍蝇三角的回声模型

以部分资源换取保护。这个三角是一个稳定的关系,只要缺少其中一个元素就会引起剧烈的变化。

这个三角在很多方面为回声模型提供了有趣的检验。首先,有一个"存在性"问题:我们能否为三种不同的主体设计标识,允许两个主体间进行交易,而依然保持三者之间的捕食关系呢?回答是肯定的(见图3.4)。第二,我们能否让包括这些主体之群体的回声模型运行起来,观察到一个稳定持久的三角关系呢?尽管在长期的发展过程中有时会有一些令人吃惊的现象,回答依然是肯定的。有时还有可能最高层的捕食者蚂蚁会绝种,从而造成苍蝇与毛虫之间振荡的猎食关系,这种关系可以用洛特卡—沃尔泰拉方程加以描述(Lotka,1956)。最后,我们能否观察到这个三角从某一个简单的起点进化的过程呢?这一点我们还不知道。目前尚缺乏实验验证。

基本模型的扩展

尽管我们能够从基本模型中知道很多东西,但这个模型依然只是为成熟的CAS复杂性建模的第一步。特别是,基本模型还不能提供足够的工具来研究各种复杂层次结构的涌现方式。而层次结构是所有CAS的一个普遍特征。本节将描述回声模型的各种扩展,以考察此种层次现象。

在为一般被称为"复杂层次结构"的现象建模时,我们的脑海中首先应该有一个或多个被充分描述的实例。给我在该领域的大量工作提供了指引作用的一个例子,是后生动物的胚胎发生(embryogenesis of metazoans)———一个受精卵持续分裂直到产生一个成熟的多细胞生物,而这个生物又继续产生受精卵。成熟的后生动物(如哺乳动物)的结构,复杂得令人难以置信,它包含具有复杂层次结构的一些副产物如神经网络、免疫系统、眼睛等等。解剖学家会告诉你，只有认识了它们在成熟后生动物中的起源和发展，才能真正认识这些结构。对于其他CAS也是这样。不管是纽约市还是热带雨林，假设我们认识了它的起源和发展方式，也才认识了众多"动态模式"中的一个。

在老虎从一个受精卵到复杂的后生动物的过程中究竟发生了什么变化？老虎至少有数千亿个细胞，其组织方式使我们的最复杂的计算机看起来也相形见绌。整个发育过程中的许多东西我们都还不清楚，但是对于主要事件还是有一个大体的了解。发育过程开始于受精卵的分裂，从1个分裂成2个，2个到4个，不断地翻倍增长。这种方式使细胞数目迅速增长（30次翻倍就足以产生10亿个细胞）。产生的后代细胞并不是作为自由自在的实体四处漫游，而是附着在其亲代细胞身上，细胞之间也相互联系。细胞的数目很快就会增长到一定程度，形成一个拥有内层和外层的球状细胞群。各种代谢产物（即细胞反应的生物化学产物）的浓度，因细胞而异。一些外层细胞的代谢产物可以被扩散到外面，而内层细胞的代谢产物保持高浓度，等等。

众所周知，代谢产物在一个细胞中浓度的改变，可以导致细胞染色体中不同基因的开启或关闭。也就是说，细胞可以通过停止某些活动而开始一些新的活动，对某些代谢产物作出反应。因此，拥有相同染色体的细胞仍然可以有非常不同的活动和形式。对于后生动物（比如老虎）而言，这个因素比其他任何因素都更能解释细胞组成中的大量差异。尽管老虎的神经细胞与其皮肤细胞拥有同样的染色体，然而它们之间仍然存在着显著的区别。随着细胞在胚胎发育过程中数目不断增加，不同的基因不断地开启和关闭，从而进一步促进了代谢产物浓度在不同细胞中的更大变化。这种变化反过来改变了细胞相互黏着的方式，引起了细胞聚集体的形状变化。最初的细胞球体经历了一个逐渐复杂的变换过程，最终导致局部结构的产生，比如器官、神经网络等等。

我的目标是扩展回声模型,使之能够模拟从单个"种子"逐渐演变成为一个有组织的、复杂的聚集体的过程。尽管以上的概要还远远不能解释胚胎发生过程的精细过程,却启发我们回声模型应该包括以下几个机制:

1. 增加一些手段,使主体之间能够相互黏着。要对边界的形成作出规定,使得形成的聚集体能够形成功能不同的部分。

2. 让主体能够转换资源,具有模仿细胞的能力,花一定代价将富余的资源转换为所需的短缺资源。

3. 扩展染色体字符串的定义,使得其片段的开启与关闭能够在某种程度上影响相应的主体之间的交互活动。而且,调节开启与关闭的过程必须对主体的活动非常敏感,模仿生物细胞中代谢产物的效果。

在给回声模型添加功能的时候,我们依然想保持基本模型中主体的简单形式。尤其是想保存它的以下三个特性:(1)简单的字符串描述结构;(2)受制于资源获取能力(隐适应度)的繁殖能力;(3)受标识调节的交互活动。就我所知,要想能为染色体提供"可切换的"基因,同时仍然保持简单的形式,唯一办法就是把主体看作一种更复杂的细胞状实体中的细胞器(organelles)或区室。就是说,结构固定的主体可以聚集成更复杂的可变结构,被称为**多主体**(multiagent)。再详细一些,我们可以为多主体提供一个可以传递给后代的染色体,并且允许从亲代到子代的原始主体(细胞器)集合有所不同。也就是说,多主体的染色体描述了它**可以**包含的主体(细胞器)的范围,然而多主体的后代只能包含**一部分**主体(细胞器)。如果我们使包含于后代中的主体取决于亲代多主体内的活动,就取得了使基因开启和关闭的效果。于是,细胞状多主体就可以继续繁殖,并聚集成像后生动物那样的多样性的层次结构。简言之,这就是我们要遵循的原则。

遵守这些限制(原则),我所能构想的最简单措施就是,除了基本模型提供的标识调节交互和繁殖之外,再给原始主体增加5种机制:

1.允许选择性交互作用的机制。**交互条件**检查另一个主体的**标识**,以确定交互作用是否发生(非常类似于规则中的条件检测一条消息的情形)。

2.允许资源变换的机制。主体将被赋予把一种资源变换成另一种资源的能力,其代价是必须收集足够的资源,以便在染色体字符串中定义一种**变换片段**。比如,拥有一个合适的变换片段,主体就可以把富余的资源变换成为繁殖所需的资源。这个过程为多主体中主体的分化开辟了途径。

3.确定主体相互黏着的机制。这一机制的实施依靠**黏着标识**(adhesion tag)。两个主体的黏着程度取决于它们黏着标识的匹配程度。

4.允许选择性交配的机制。它的实现依靠检查潜在配偶的交互标识所规定的**交配条件**。一对拥有足够繁殖资源的主体,只要它们的交配条件相互满足,就通过交换繁殖后代。这个机制并不是受前面所说的胚胎发生的直接提示而提出的,但它的确为物种的涌现提供了可能。

5.条件复制的机制。**复制条件**检查同一多主体聚集体中其他主体的活动。即使一个主体拥有足够的资源可以复制它的染色体字符串,也只有当其复制条件被多主体中其他主体的活动所满足以后,它才可以繁殖。这个机制可以调节基因开启和关闭。

在下一节，通过一次添加一种机制，我将提出一系列逐渐复杂化的回声模型。每添加一种机制，我都用回声模型的语法重新描述所增加的能力。如果我的假想正确，系列模型中最后一个模型就应该能够模仿多细胞生物的胚胎发生，或者像亚当·斯密的大头针工厂这样的多主体组织的起源。

尽管语言描述有时非常复杂，实际上每一种机制在计算机中的实施都相当简单。当细节的描述确实表明，这些机制的确符合回声模型的框架之时，在后面就未进行更多的讨论。如果读者相信添加的机制与回声模型是一致的，就可以跳过下一节而不会实质上影响对后面章节的理解。

步步扩展

如前所述，这一系列模型中的每一个模型都比前一个模型多添加一种机制。系列模型中最后一个模型则实现了前面给出的概述所要求的功能。

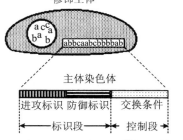

修饰主体

若主体①的交换条件与主体❷的进攻标识匹配，或反之，则计算进攻／防御匹配分数。

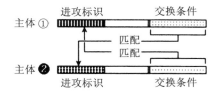

图3.5　添加了交换条件的主体染色体

模型2：条件交换

现在的目标是给每个主体一种拒绝与其他主体进行交换的可能性。为实现这一目标，每个主体还是只保留一条"染色体"，但现在这条染色体被分成两部分，即**控制**片段和**标识**片段（见图3.5）。控制片段提供**交换条件**，用以检查另一个交互主体染色体中的进攻标识。交换条件对待标识,就像规则对待基于规则主体的消息一样。

因为标识是在资源字母表的基础上定义的,所以交换条件是对构造于资源字母表基础上的字符串作出反应,而不是对基于规则的系统中的消息所使用的二进制字符串作出反应。为了定义交换条件,我们再次使用第二章使用过的"不在乎"符号。我们可以通过指定字母表中已经存在的符号,比如"不在乎"符号,来尽量避免引进新的符号。也就是说,我们在前面的例子中使用了字母表{a,b,c,d},标识的定义就被限制于字母子表{a,b,c}中,用以定义条件的字符串的构造则建立在字母表{a,b,c,#(= d)}的基础之上。

标识可以有不同的长度,而不像消息那样有标准长度,所以我们需要相应地改变条件的定义。为了适应任意的长度,我们认为条件字符串中最后一个指定字母后面跟着无数个不在乎符号。比如,条件b#b(= bdb)就等于条件b#b####…。下面举两个例子。条件a接受进攻标识以a开头的主体,与之进行资源交换。就是说,它能接受集合{a,aa,ab,ac,aaa,aab,aac,aba,abb,…}中的所有进攻标识。同理,条件bcb接受任何以bcb开始的进攻标识。条件b#b有些复杂,它接受任何第一个位置和第三个位置上是b的进攻标识,即集合{bab,bbb,bcb,baba,babb,babc,babaa,…}。

条件的使用方法如下。当两个主体相遇时,先检查每个主体的交换条件与另一个主体的进攻标识的匹配情况。如果两个主体的条件都得以满足,就进行交换。如果两个条件都不满足,交互活动中止。如果一个主体的条件满足了,而另一个主体的条件不满足,那么不满足条件的主体就有机会"逃离"交互活动。在最简单的实例中,中止交互活动的概率是固定的。

模型3：资源变换

细胞或工厂将资源变换为新形式的能力，是回声模型中应当包括的颇有价值的性质。我们将看到，这种能力对于资源短缺的主体尤为关键。特别是，当我们接触到分层的多主体的时候，资源变换为主体的分化提供了重要机会。这里我仍然使用最简单的可能方法，复杂的方法留待后面的模型予以改进。

对于支撑回声模型中主体结构的"可再生"资源，我们不妨把每一种资源视为拥有内部结构的分子。使用分子生物学的知识，我们可以考虑重新组合"分子"结构以实现资源之间的变换。在生物细胞中，这种变换由酶(一种可以把反应加速至少10 000倍的强有力的生物催化剂)控制。我们的目标就是为主体提供一种类似于酶的东西。

因为我力图避免关于集合代谢的问题，在这里尽量不考虑资源的具体结构。相反，我的目的是为主体提供一个直接的、变换资源字母的方法，比如将{a,b,c,d}变换成其他字母。最简单的做法就是为每次涉及的变换，给染色体添加一个子片段。重要的是，这种操作是有"代价"的，否则资源就会无偿互换，我们就将无法研究短缺和资源瓶颈问题。在前面的模型中，这种"代价"就是要求主体使用资源字母来定义子片段酶。对于每一变换，必须拥有控制片段的一种酶的子片段，其代价就是需要收集足够的字母来指定这些变换子片段。

这个变换子片段，至少要指定需要变换的字母和变换后的字母(见图3.6)。最简单的情况就是只指定相关的两个字母。如果要把字母a变换成字母b，那么变换子片段就是子字符串ab。如果变换的代价更大一些，还需要别的字母，举个例子，a到b的变换子片段可能是一个子字符串abcccc。我们可以认为这个子字符串中的a和b刻画了这个酶的活性位点，而cccc则刻画了酶的结构部分，这一部分将活性位点置于合适的三维构型中。

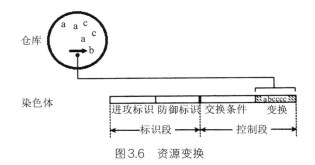

图3.6 资源变换

还有一个由变换子片段引起的"变换速率"问题。如果有ab子片段存在,将会有多少a变换成b呢? 规定变换受制于主体库存的资源似乎是合理的。也就是说,只有主体的库存中确实存有字母a的复本时,才能发生变换。变换的具体实现需要以下两个条件:(1)确定主体的染色体究竟需要几份短缺的目标字母的复本。(2) 变换速率要快,足以让资源字母的这几份复本在主体的寿命内得到变换。否则,对定义变换子片段所做的资源投资来说,将不会有"赢利"。例如,因为定义ab变换子片段需要一个字母b,那么,除非在主体寿命内通过把a变换成b至少可得到两个b,否则投资将永远没有收益。最短的寿命是一个时间步,所以我们令速率为每一个时间步变换两个字母。这样即使短命的主体也能从变换子片段中获益。

使用变换片段的多重复本似乎是很自然的,这将使变换速率提高好几倍。如果一个主体的染色体有两套从a到b的变换片段,那么只要库存中有4个以上的a,就可以在每个时间步把4个a变换为b。如果目标字母b短缺,而字母a通常情况下是富足的,其染色体中又要广泛使用b,那么要拥有变换片段的多重复本就要付出代价。

很明显,我们可以在不同模型中自由选择不同的变换速率,甚至对于同一个模型中的不同字母,我们也可以为之选择不同的变换速率。这些基本资源的变换速率与位置的输入速率之间的关系,肯定会影响模型的演化。通过这样的变换工作,演化应该能够"抹平"因不同位置输入速率不同而引起的差异。

模型4：黏着

黏着提供了一种形成多主体聚集体的方法。这些聚集体可以说是集落生物(海绵和水母)和后生生物(植物和动物)的体现。主体选择性地互相黏着，并且形成"层次"，结果它们能够作为一个整体运动和交互活动。聚集体中的单个主体通过代代相传，可以逐代适应，并充分利用聚集体中其他主体提供的特定环境。聚集体中一个主体可以专门进攻或防御，而另一个主体则专门获取资源。如果这两种主体交换合适的资源，那么聚集体和其中的主体将会更有效地收集和保护资源，从而更迅速地繁殖。

正像在毛虫—蚂蚁—苍蝇三角中，蚂蚁始终附着在毛虫上，而不是独立地自由移动。这时候毛虫就可以将用于进攻标识的资源降低到最少量，而蚂蚁也不必考虑资源获取，而把它们的标识专门用于有效的进攻。

一旦聚集体开始形成并生存，交互活动和交换模式就会演变得更加复杂。一种主体通过收集和供应特定的资源，可以导致另一种主体充分利用这种资源，从而使它的活动专职化。某些主体也可能会拥有一种抗争能力，拒绝这种诱导。**诱导**和**抗争**的相互作用也是发育生物学中的一个重要方面(例如可以参见 Buss, 1987)。

我们怎么在回声模型中实现有条件黏着呢？标识以及标识之间的匹配将再次发挥关键作用。这个过程与资源交换过程非常类似。主体们一旦相互接触，就会检查黏着的条件，与第一章里黏性台球的例子类似。为了实施这个操作，染色体的标识片段又添加了一种新的调节黏着的标识。我们可以认为这一标识是一种**细胞黏附分子**(见 Edelman，1988)。

这种交互过程如下。与资源交换的情况一样,一对主体被选中进行交互活动。黏着时经常用到成对的父子主体,这种耦合有利于模拟从单个主体生长形成的聚集体。这与从单个受精卵开始的后生生物的生长情况非常类似。值得重视的是,容许同种类型主体的黏着状况不太完好,这在父子情况中很常见。为实现这一点,一条染色体上的黏着标识不应该与另一条染色体上的黏着标识匹配。倘若如此,同种类型的两个主体将总会匹配得很好,从而最可能黏着。每个主体的黏着标识与另一个主体的染色体上的**进攻标识**进行匹配(见图3.7)。

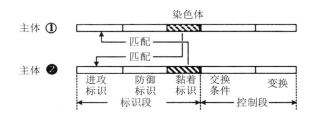

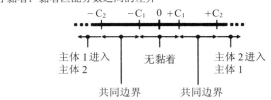

图3.7　添加了黏着标识的主体染色体

然后计算匹配分数。如果每个主体的得分都接近于0,两个主体之间就不会发生黏着。只要其中一个主体的匹配分数不接近0,就会发生黏着。黏着产生的构型依赖于另一种机制——边界形成。

边界

边界提供了一个简单的方法,把主体聚集成一种类似于洋葱的层次结构,边界用来限制主体交互作用。每一个主体在形成的时候都只有一个边界。甚至一个孤立的、不与其他主体黏着的主体,也有一个唯一的包含这个孤立主体的边界。然而,边界可以包含多个主体。最简单的非平凡聚集只有一个边界,聚集体中的所有主体都在这个边界之内。

把边界设置得比简单的分层更为复杂些是很有用的。在这种情况下,不再像洋葱那样,限制每条边界只包含单一的内边界,我们将允许一条边界包含**多个**内层边界,就像一个鸡蛋有多个蛋黄一样。这种结构的最简单例子就是一条外边界包含两个并列的内边界(见图3.8)。我们可以用一种家谱树来描述这种递进的(可能是多重的)包含关系。最外边界用树根结点表示。每一个直接包含在最外边界内的边界,由与树根结点相连的结点表示。一个被包含的边界本身又可以进一步包含许多边界。对于每一个"更深的"次级边界,就会相应增加一个表示

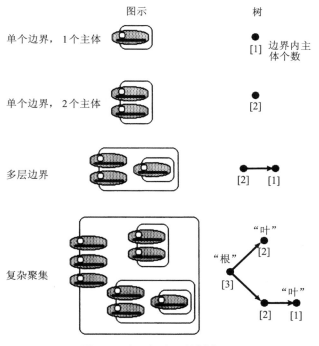

图3.8　边界与边界的树表示

它的新结点,并与表示包含它的边界的结点相连。这个过程不断重复,直到最内层边界。这些最内层边界就由构成树"叶"的结点(没有进一步的连接)表示。

　接着我们来分析边界对主体交互活动的限制。主体只能与同属一条边界的主体或属于相邻边界的主体进行交互作用。边界与给定边界相邻,就是指该边界是给定边界的直接外层(朝树根方向)或直接内层(朝树叶方向)或与它并排相邻(属于同一层次,因而与同一个结点直接连接)(见图3.9)。给定主体能够交互的所有主体的集合,叫作给定主体的**交互域**。位置本身,连同它的可更新资源供给,可以被看作该位置所包含的所有主体的最外边界。只有聚集体最外边界中的主体的交互域,才包含该位置的其他主体。交互域包括各个单主体聚集体,以及由位置提供的可更新资源。

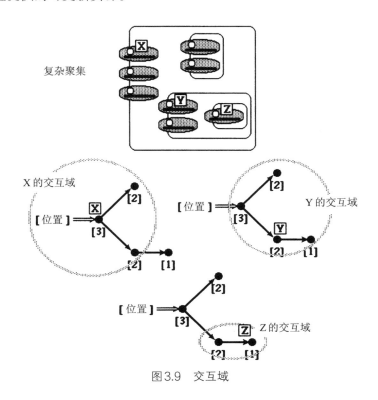

图3.9　交互域

主体隶属的边界,由它从其亲代中形成时的黏着匹配分数决定。每个新生子代通常都要经历与亲代的黏着交互作用,但赋予子代一种机动性也很有用,这样一来黏着对象除了亲代之外,也可以是其他主体。为了模拟这种机动性,另一个主体有时在亲代的交互域内随机选择;这种选择发生的概率是模型的一个固定参数。计算新生子代和亲代或其他被选定主体之间的匹配分数,所确定的结局如下:

1.如果两者的匹配分数都很低,那么如前所述,主体之间就不会发生黏着。如果父主体属于某个聚集体,那么子主体就会被排斥出这个聚集体,变成一个新的拥有一个边界、单个主体的聚集体。这个被排斥的子主体如果有合适的结构,就可以变成产生新的聚集体(类似于包含父主体的聚集体)的种子。

2.如果两者的匹配分数比较接近,而且不接近于0,子主体就将被放到所选主体的边界内。

3.如果所选主体的匹配分数远远高于子主体的匹配分数,那么子主体就将被放到紧挨所选主体边界的边界内。如果父主体没有内边界,就会形成一个包含子主体的新边界。以这种方式,聚集体就会在其主体繁殖的时候产生新的边界。其结果是父主体的一种发育诱导,子主体被迫占据一个不会被其他主体占据的位置。

4.如果净分数是负值,并且绝对值较大,那么结果就相反;父主体将被迫进入它所占据的边界的内部。

选择和检验

如果需要,除了在子主体形成的时候,黏着交互作用还可以发生在其他情况中。在这种安排下,交互作用可以在"随机接触"的基础上发生,类似于资源交换的情况。比如,相同交互范围中的主体被配对,往往用刚刚介绍的记分方案决定交互结果。在这种情况下，聚集体以由黏着配对的频率所决定的速率发生变化。已经产生的黏着又可能会被这些交互活动所改变。比如，自由主体可以集合成一个聚集体，某种程度上类似于黏菌中变形的单个细胞聚集成一种柄状聚集体（一个在Bonner, 1998中有精彩描述的惊人序列）。或者，聚集体中的主体被驱逐出去，成为自由主体。如果它有合适的染色体，则可以成为新的聚集体的种子。

通过设置回声模型中的事先设计好的聚集体（例如，可以设置类似亚当·斯密的大头针工厂的聚集体），可以检验条件黏着可能产生的效果。毛虫—蚂蚁—苍蝇三角中的聚集体，可以被用来检验系统的稳定性，以及从回声模型的规律形成的繁殖能力。更深刻也更有趣的检验，是观察自由主体是否在收集和处理资源方面更有效。这样的研究促使我们进一步理解亚当·斯密的大头针工厂是怎样由单个工匠的聚集体发展起来的。

模型5：选择性交配

选择性交配（selective mating）为主体提供了一种从若干配偶中选择配偶的方式，只和选中的配偶个体进行交换——这就是回声模型中的物种起源。同资源交换和条件黏着一样，这种交互作用也是由标识调节的。

选择性交配是通过给染色体的控制片段添加**交配条件**实现的（见图3.10）。这个交配条件的定义方式与资源交换条件相同，并与潜在配偶已存在的进攻标识进行匹配比较。（当然，我们也可以为此提供一个全新的标识。但目前看来，许多种选择性交配的实现，往往并不需要给染色体增添新的标识。）

一旦主体收集到足够的资源进行自我复制，选择性交配就开始

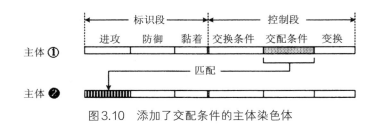

图3.10 添加了交配条件的主体染色体

了。然后它开始发动寻找配偶,以便与配偶交换染色体物质。实现这一点有许多方法,较为简单的一种方法就是从满足下述条件的主体集合中随机选择一个潜在配偶:(1)它可以繁殖;(2)它处于给定主体的交互范围之内。如果**两个**主体的标识调节的选择性交配条件都得以满足,交配就能够进行。父主体使用它们库存中的资源,为染色体制作复本。这些染色体复本进行交叉、发生突变,结果在这个位置就会增加两个子主体。这个过程有点像不同交配类型的草履虫之间的接合[在任何一本(如Srb et al., 1965)标准遗传学教科书中都会描述的一个过程]。只要有一个交配条件不满足,交配就会中止。

注意,主体对于它要接受作为配偶的主体来说,或多或少都有一定的选择性,这取决于交配条件的专一性。有些主体几乎会接受其他任何主体,而有些主体就可能非常挑剔。这个区别使回声模型中的演化过程有相当广泛的范围。有必要搞清楚究竟是什么环境条件有利于典型哺乳动物严格的交配标准,并且与有利于典型植物交配的、较为宽松的交配标准的环境条件进行对比。

在实现选择性交配的时候还有一个必须解决的问题。我们打算研究对每个位置所包含的主体数目有一定限制的复杂适应系统。在前面我们只处理自由主体的时候,我们采取的措施是让子主体取代从该位置随机选择的主体,从而使主体的出生率和死亡率保持平衡。然而,现在由于黏着的引入,主体在聚集体中有自己的特定位置,这种处理方式就没有什么意义了。如果聚集体中有新的主体形式,那么哪个主体(如果有的话)应该被删除呢？可以采取的方法有许多,较为简单的方法就是为所有主体都设置一个随机死亡率,把死亡与出生分离。即所有主体都有一个平均寿命,只要生存机会(由随机死亡率决定)降低,主体就被逐出其边界。接着发生的取代就是间接的。每一个新生子主体都立刻检验其黏着状况,置于确定的边界内,直接加入边界,而不用取代里面的其他主体。唯有总体的随机死亡率最终平衡该过程。

模型6：条件复制

最后,使用条件复制我们将可以在回声模型的框架内构建一个简单的后生动物胚胎发生模型。后生动物从一个单细胞(受精卵)发育成有丰富细胞类型的多细胞生物体,从而完成此种惊人业绩。然而,这一生物体内的所有细胞类型都包含同样的染色体(除了某些特例,比如菌类细胞和免疫系统中的部分细胞)。这是怎样实现的呢？

并不只是这个问题促使我给回声模型加入了形态发生过程。所有的CAS在演化中都有一个组织扩大的阶段,然而对于组织扩大与CAS机制之间是否有联系,我们还知之甚少。大多数CAS动态变化的机制都非常复杂,必须求助于特定的技术手段来研究。我们所使用的数学模型并不包括形态发生过程的动力学。对此种系统所做的受控实验往往非常困难,甚至无法实现。

难点之一在于形态发生过程中的对称破缺。后生动物的生长从一个受精单细胞开始,经历许多代的细胞分裂。然而,这个细胞团很快就会丧失其球对称状态。在它经历的一系列阶段中,不断丧失其物理对称形态。这还只是表面现象,事实上,这些细胞的化学组成也逐渐多样化,从而打破更多的对称。使用传统的研究动态过程的数学工具——偏微分方程,很难描述这个过程。

图灵(Turing,1952)设法用偏微分方程设计了一个模型,这个模型起始于对称初始条件,结果却产生了一种非对称的斑驳状态,就像黑白花牛身上的黑白图案一样。即使这个简单的表述也很难进行数学处理:图灵可以从这个数学模型中观察到一些动态的实例,却无法从中推导出什么一般性的结论。实际上,他是依靠基于计算机的模型展示出了非对称斑图形成(asymmetric pattern formation)的动态过程。此后,在数学方面进展不大,问题依旧。

我认为,在试图为形态发生过程建模时遇到的某些困难是不必要的、可以忽略的。物理学家和数学家从其自身所受的训练、习惯,以及从前的成功经验考虑,通常采用偏微分方程来描述动态过程。麦克斯韦19世纪对电磁动力学的描述和爱因斯坦20世纪的相对论都采用简单的、对称的偏微分方程组。正是这两项理论物理学的成就给现代大多数技术奠定了基础。计算机的出现并没有改变这种情况。描述动态过程的模型首先用(连续的)偏微分方程描述,然后这些方程被转换成(离散的)计算方式。其实无需这份辛劳。模型完全可以直接用有条件作用(像前面我们对适应性主体的描述一样)和其他诸如交换之类的组合算法描述。这些条件/组合算法用偏微分方程只能粗略地描述,因此直接方法将会大大扩展我们构建严格模型的范围。

我个人认为,采用基于计算机的直接描述的模型,而不是走偏微分方程的老路,将会大大促进CAS研究。不借助这种模型,就很难理解形态发生过程,或者像亚当·斯密的大头针工厂这样的组织涌现现象,以及热带雨林中丰富的交互作用。根据我们的经验,这种直接模型应该能够反映发育过程中的组合复杂性。如果的确如此,这种模型就为我们进行受控实验提供了可能,为研究真实的组织过程和对组织动态过程进行数学抽象提供了指南。

在为形态发生建立直接的基于计算机的模型时,我们可以受到当前关于后生动物形态发生机制的丰富知识的启发。这些知识是分子遗传学家通过艰辛的努力，使用复杂的方法获得的。不过，我们还是可以用简单的语言来概括其基本思想。由于染色体上的基因可以开启和关闭（这在Srb et al., 1965题为"基因作用的调节"一节中有比较详细的讨论），后生动物在发育过程中表现出组织的不断扩展和结构的多样性。具体来说，处于开启状态的基因可以用它们编码的酶的细胞结构来表示。酶是引导细胞中反应的一种有效催化剂。不同的基因处于开启状态时，会产生不同的酶和不同的反应，从而形成不同的结构。因此，一个生物体就会拥有不同的细胞，如神经细胞、肌细胞和血细胞，虽然这些细胞皆拥有同样的染色体。

这种观点给了我们一些启示，但却又引出了进一步的问题：基因如何开启和关闭？我们仍然可以从分子遗传学找到一些解释。染色体里的基因字符串往往都有"座"——又是一种标识，它们对细胞里某些生物分子非常敏感（见Srb et al., 1965）。如果这种分子中的一个附着在"座"上，它就可以干预从"座"发出的基因串的表达，**阻抑**（关闭）这些基因。而另一种分子则可以"清洗"这个"座"，使基因**去阻抑**（使之开启）。

基因本身又可以通过酶促进或抑制各种生物分子的产生。这样就可能引起一种复杂的反馈，使一个基因通过其生物分子副产品来控制其他基因组的开启或关闭。实际上，染色体是用各种各样的条件为一种计算机程序编码。只要我们摒弃代谢的具体细节，同时仍然把握过程的实质，我们就能够直接构建一个相对简单的基于计算机的模型。

多主体和主体区室

有了这些思路，关于形态发生机制的问题就变成这样一个问题：我们如何用回声模型的有限格式，模拟基因的阻抑和去阻抑状态？迄今为止，我们一直试图保持单个主体的简单性，因此给定主体的染色体并未提供可以被开启和关闭的"基因"组（即标识的条件和指派）。用生物学术语来说,这样的主体更适于表示细胞中有固定功能的细胞器,而不是整个细胞的可塑组织。

我们需要努力把这些简单主体聚集成类似于拥有各种功能的完整细胞。这种聚集体现了马古利斯(Margulis)关于真核细胞起源的理论,真核细胞是后生动物的高等细胞(比如可以参见Sagan and Margulis,1988)。根据这一理论,真核细胞是一些更为简单的、自由生存的前细胞(precursor cells)的共生混合物。当一个前细胞吞食了其他前细胞却又不能把它消化掉时,就形成了这种混合物。我们把这个层次的聚集体称为**多主体**[多区室主体(multicompartment agent)的简称],其结构由各分主体的染色体串联形成的染色体所决定(见图3.11)。如果处理得当,多主体可以积累一组可以被开启和关闭的基因。这些多主体又可以进一步聚集,扮演后生动物中细胞的角色。

按照这种思路,我认为在这里,主体应定义为系统的原始成员,它

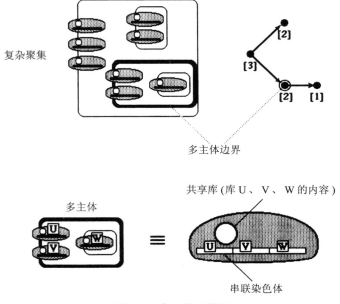

图3.11 多主体的特征

们在多主体中扮演细胞器或区室的角色。我把原始主体称为主体区室（agent-compartments），以示强调。我们需要仔细辨认多主体的染色体和它所描述的区室。一方面，我们想把多主体的染色体定义为其分主体区室的染色体的串联；另一方面，我们还想让历代多主体的后代有主体区室的不同组合（这些多主体就可以实现不同的功能）。但是多主体的染色体必须不直接依赖于其内出现的主体区室，否则各主体的染色体将随着一代代区室主体的改变而变化。多主体面临这些变化时必须保持染色体不变，才可以在世代交替时依然保持其来之不易的适应能力。

为了解决这个窘境，我们须为多主体设计一个初始形式（或基本形式），它与影响后生动物整个发展过程的受精卵很相似。这个原始形式有一个染色体，它可以描述多主体在各种条件下展现的所有主体区室，而且被代代相传。

主体区室的条件复制

于是我们的目标就是设计一个聚集过程，它既能够表示多主体的单个染色体，同时又允许该染色体的不同部分在多主体的不同版本中处于活动状态。生物学的类比可以给我们更多的启示，它提示一个给定主体区室**进入交互状态时**，将产生关键性生化物质。我们称这种主体区室处于**活动**状态。

在实现中，我们可以设置类似于前面提到的"座"标识的条件，让一个主体的复本依赖于多主体中其他主体区室的活动。也就是说，我们用〈活动主体区室/条件/新的活动主体区室〉序列取代〈生化物质/基因去阻抑/酶/新的生化物质〉序列。在这种设置下，主体区室的复本由多主体染色体中说明该主体区室的控制段里的复制条件决定。只有多主体中一些其他主体区室的行为使其条件得以满足时，这个主体区室才能复制。这样多主体就会产生后代多主体,但它并不拥有父主体的全部区室。这是因为复制条件未得到满足(相应的基因被阻抑),从而就缺乏某些区室。注意:即使后代多主体的区室集不同,其染色体仍然不变。正因为后代多主体可以拥有与其父主体不同的主体区室集,它就能有不同的交互能力,因此也就能模拟出后生动物细胞的可塑性。

特别是,这个过程为每一个区室的控制区添加了**复制条件**(见图3.12),这个条件考察多主体中其他活动主体区室的进攻标识。只要多主体中至少有一个活动主体区室拥有的进攻标识满足复制条件的要求,这个复制条件就算被满足了(见图3.13)。

在多主体复制的时候,每个被满足的主体区室复制条件都被做了标记。也就是说,在复制的时候,如果复制条件得以满足,那么这个条件的附加标记位就为1("被标记");否则标记位为0("未被标记");标记为1的主体区室将会"出现"在后代中;标记为0的区室即使在染色体中有编码也"不出现"在后代中(见图3.13)。即使后代多主体与其父主体有同样的(串联)染色体,在标记条件的数目上仍可以与其父主体不同。只有复制条件被标记("出现")的主体区室才可以进入交互作用。

多主体交互作用

最后,我们必须进一步了解主体区室的交互能力与多主体交互作用能力之间有什么关系。比如,是什么决定了多主体的黏着能力?

我在这里借助一条简单原则,它将直接使用主体区室的能力,即多主体间的所有交互作用都由被标记了的主体区室所调节。如果按照我们以前对单个主体采取的方法,这条原则很容易实现。我们对每次交互作用都随机挑选两个主体。现在我们选择两个聚集体取代这两个单个主体。实际上,聚集体作为一个整体在移动。如果聚集体之一或两

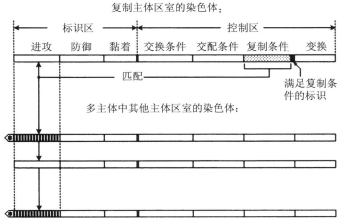

图3.12 添加了复制条件的主体染色体

实例：

主体的复制条件	被主体的进攻标识所满足
U	U, V
V	W
W	V

例如主体区室 U 或 V 的活动，确保主体区室 U 出现在多主体的下一代之中。

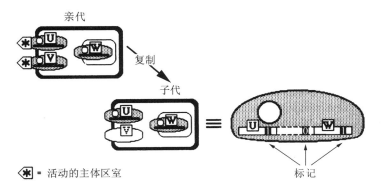

图3.13 多主体的条件复制

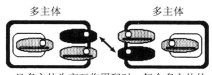

多主体　　　　　多主体

一旦多主体为交互作用配对，每个多主体的外边界中的主体区室就随机选择为"接触点"。被选中的主体区室进行主体间交互作用。

图3.14　多主体交互作用

个都是多主体，我们就必须决定交互作用的形式和结果。因此我们更进一步在多主体最外边界处随机地选择一个主体区室（见图3.14）。只有被标记为1的主体区室才有资格入选，而入选的主体区室就成为给定多主体交互作用的"接触点"。每当多主体接触就作一次新的选择。一旦选择了主体区室接触点，交互作用就同先前模型中所描述的单个主体一样进行。

某一位置中发生的交互作用以多主体为中心，但交互作用的细节却依然取决于接触点主体区室。因此，交互作用的可能性仍与前5个模型相同。主体区室依然是调节黏着和资源积累的原动力。

分主体区室的资源库中的资源积累，引出了另一个问题：多主体复制时库里的资源是如何分布的？在此我们可以遵从几个约定，其中有一种很有意思，它把多主体视为拥有共享资源的组织（见图3.11）。这样，单个主体区室资源库的内容，就不仅仅可以用于复制描述该主体区室的那部分染色体，而且可以用于整个多主体染色体的复制。显然，这种约定可以产生丰富的特化，类似于模型4中讨论的毛虫—蚂蚁的持久联合。例如，一个主体区室即使在属于自己的那段染色体中很少有b，它也仍然可以专门进行资源b的聚集和产生。利用这种资源共享的约定，将有许多方法可以增加繁殖率，从而促进多主体的多样化。

与前面模型中描述的主体一样，多主体以及更大聚集体中的多主体都在不停地进行交互作用。每次交互作用都会改变其主体区室资源库中的资源。由于这种共享，多主体的繁殖概率也被改变了。如前面模型所述，当主体区室有足够的资源来复制其染色体时，多主体才能够繁殖。

多主体与其他聚集体的区分

最后还有一个关于多主体的问题：如果一个多主体置身于更大的一个聚集体中，我们怎样将它和聚集体区别开？为了确定哪些主体资源库在繁殖时被共享，必须作出这种区分。认真观察聚集体内边界的组织给出了一种直接的方法。很显然，作为主体区室聚集体的多主体必定有一个最外边界。于是问题就变成：我们怎样标记这个主体区室的聚集体的边界，使它成为多主体的边界？解决了这个问题，我们就可以定义多主体的染色体，并能进一步研究有关多主体的分层和边界问题。

在考虑标记多主体边界的方法中，我们还应该思考这种标记的产生和演化过程。回头看一看以下约定：把独立的单个主体视为一个主体/一个边界聚集体，会得到一些启示。在这个约定下，我们同样可以把独立的单个主体视为一个主体/一个边界**多主体**，即把独立主体看作最简单的多主体。这样一来，我们就可以按照回声模型，从最简单的多主体（独立的单个主体）开始，让它不断演化，从而提供更复杂的版本。

增加多主体复杂性的诸多可能方式中，有一种方式相对来说简单一些。那就是，随机地把最简单多主体聚集体"提升"为单个多主体，而把各分主体降格为主体区室。具体实现时，我们可以给边界刻画加上一个**多主体边界**的标记位。标记为1（即"开启"），那么这个边界就是多主体的边界；否则边界依然扮演其原有角色（见图3.11）。当一对多主体相互黏着时，我们偶尔才会实现这个提升/降格过程。这个过程中，包含两个多主体的边界标记为1，而每个多主体自身的边界标记为0（见图3.15）。结果是一种突变，产生由原来那对多主体组成的更大的多主体。这时必须注意采取一些措施，别让这个多主体包含其他多主体。在实施提升/降格过程中，这个限制条件很容易被引发。

现在，我们可以让复杂多主体在回声模型中演化。这里只需要再

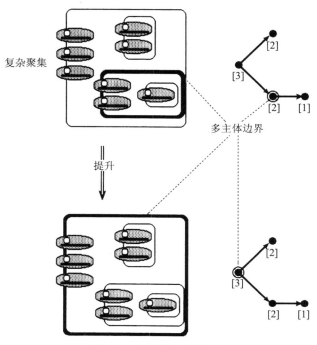

图3.15　从聚集体到多主体

补充关于多主体染色体的一个细节。给回声模型加入多主体,是为了反映后生动物细胞通用染色体可变结构这一特征。在回声模型中,多主体染色体是通过把分主体区室的染色体串联而得,形成一条长染色体。这个简单的约定,就是我们不希望多主体包含其他多主体的原因。否则,这个串联约定将会变得含混不清。多主体只有在其主体区室资源库中积累了足够的资源、可以复制那条长染色体的时候,才能开始繁殖。正是这个染色体经历了交换和突变,并传递给后代多主体。

小结

一定还有别的机制能够添加到模型6中,也还有一些对这一模型形成步骤进行修改的其他方案。但是,模型6已经对回声模型的范围和内容有了相当的概括。我们小结如下：

■ 回声模型有一个由**位置**网络表示的地理环境。每个位置都包含有一些**资源**和若干**主体**。

■ 资源由一组字母{a,b,c,d,…}表示。每个位置可能有一个泉源，在每个时间步提供一种资源选择，即使某些位置或大部分位置是荒芜之地。实际上，资源是可更新的。

■ 主体，在模型6中被称为主体区室，其结构由连成串的、表示资源的字母表示。这些串被称为**染色体**。(我再次强调，这里的染色体在复杂性和功能方面，与生物染色体尽管有**一些**相似之处，但还是相差很远。)另外，每个主体都有一个仓库，存放通过与位置和该位置其他主体的交互作用而获取的资源。除此之外，主体没有其他部分。为了繁殖，主体必须通过交互活动收集足够的资源，以便复制其染色体。

■ 模型6中的主体的染色体包括两个部分：**标识段**和**控制段**。这一染色体为主体提供三个标识、三个交互作用条件、一种资源转换能力，以及一种控制主体处于活动或不活动状态的手段。(我曾试图简化这个方案，但迄今为止还没找到一种仍然能概括我所知道的范围和案例的简化方法。)

■ 标识段包括三个标识：**进攻**标识、**防御**标识和**黏着**标识。两个主体交互作用的时候，一个主体的进攻标识与另一个主体的防御标识进行匹配比较，以决定两个主体之间交换的资源数量(如模型1所示)。进攻标识还用于限制条件交换、配偶选择和条件复制交互(模型2、5和6)。黏着标识则用来决定两个交互主体之间的黏着程度(模型4)。

1. 黏着标识有一些对回声模型中组织的形成和演化起着重要作用的附属装置。主体聚集时会形成一种叫作**边界**的外主体结构。一种树形结构能够记录边界以及每个分主体在聚集体中的相对位置(模型4)。

2. 有时聚集体会形成一种特殊结构,叫作**多主体**。此种单元把各分主体的染色体看作单个染色体,它共享其库存的资源以复制整个多主体。在树结构中也会相应标记出代表多主体边界的结点(模型4)。

■ 控制段包括三种对象:条件、资源变换和活动标记。

1. 条件有三个:交换条件、交配条件和复制条件(分别在模型2、5、6中)。每当两个主体配对交互作用时,每个条件都会检查对方染色体中的**进攻**标识,以决定交互活动是否继续进行。

2. 资源变换的次数可以是任意值。每次都指定一个源资源和一个目标资源;如果库存中有相应的资源,就会通过资源变换,以固定的速率变换成目标资源。

3. 控制段中有一个标记。如果标记置为1,多主体就会使用主体的标识调节其交互活动;否则多主体就会忽略主体的存在,好像这个主体并不存在于其聚集体中(模型6)。

什么被忽略了?

回声模型就像一幅讽刺画,因为它保留的机制其实很少,而且很简单。不过我坚持认为,简洁,还有精致,会帮助我们描述复杂性,就像它们在数学中那样。同样重要的是,保持机制的简单还会帮助我们避免"先入之见"—— 一个在关于复杂性的计算机研究中常常会遇到的讨厌东西。如果"解"从一开始就显式地定义在程序中,"先入之见"就会发生。设想一个程序使用"漫游者"(行星)在夜空中的连续位置集(开普勒使用第谷·布拉赫的数据——见Lodge,1950),试图找到漫游者移动轨迹的简单描述。如果程序已经**显式**规定,以太阳为焦点的椭圆是其中一个可能性,那我们将一无所获。我们将跳过从漫游者在夜空中二维的、S形的运动轨迹到它们以太阳为焦点的,在三维空间中的椭圆轨道的复杂的推理过程。先入之见会使模拟无从揭示新问题或未预料到的现象。

除了这些漫画式的精心设置之外,重要的是要知道回声模型忽略了哪些方面。从这点看来,理解回声模型与理解一幅绝妙的政治漫画没太大区别。我们必须知道,为了申明一个观点,强调(或夸大)了哪些方面,在作此抽象时忽略了哪些方面。回声模型的设计主要使用了三条捷径:

■ 代谢的细节以及把资源组织到主体结构中去的具体方式都被忽略了。一旦获取了资源,它们就自动汇集到所需的结构(即染色体字符串)中去,而没有试图去模拟有关的化学过程。(通过进一步给主体添加资源变换能力,可以更逼真地模拟代谢的演化过程。)

■ 利用字符串来表示主体的内部结构——表型细节,它提供了主体的遗传载体——基因型(genotype)。主体确实有一种表型(phenotype),它能够显示标识,并在标识上调节与其他主体之间的交互活动。在生物细胞中,这些表型特征是靠附着在通过基因译码产生的细胞器上的生物分子实现的。而在回声模型中,这些特征表现在染色体字符串上,这个字符串既代表细胞器,又代表定义这些细胞器的染色体。(分解这些功能,解译"染色体"字符串以产生"细胞器"字符串都不困难,而利用这样一个简化模型,我们已经取得了相当的进步。当前的情况使我们认识到,这是一个以"编码"为主要议题的阶段。)

■ 回声模型的主体比第二章中描述的适应性主体的能力要小。回声模型中的单个主体确实具有由条件实现的刺激—反应行为，它们广泛应用了标识。单个主体并**不**需要复杂的内部模型(比如缺省层次模型)所需要的消息传递能力。而且，标识以一种更直接、更具体的方式控制交互活动。因为它们并不附在消息上，所以不能显示消息更细微的原符号功能(protosymbolic functions)。这些简化应该驱动回声模型中的主体通过更简单的机制发展信息处理能力。我很愿意看到主体演化得能够为"语言"进行编程，而不是在一开始就提供完全成熟的语言(分类器系统)。

如果各方面都运作很顺利，我们会看到回声模型中的多主体发展了探测器和效应器——为环境编码的手段，以及处理信息的手段，即编程能力。每种能力都应该有所提高，能够充分利用其他能力提供的机会。我期望看到多主体中内部边界的复杂性增加会用到这些能力。这里定义的多主体结构非常明显，并易于观察。在一个成熟的分类器系统中，结构隐含在被不同标识的消息所触发的种种规则中。由许多CAS研究可知，拥有分类器系统的更为复杂的内部模型可能至关重要。然而回声模型的主体，对于多样性问题和组织的涌现提供了一个较为简单的解决方法。多主体的实验还没有实施，不过在下一章中我们将讨论运行的可能性，并把它与已经完成的实验联系起来。

第四章

回声模型的计算机模拟

现在,我们已描述了回声模型中的基本机制和交互活动。本章有两个目标。首先,我想提出一个推测性的方案,它将描述若干单个自由主体怎样演化成多主体,又怎样从单个种子多主体变成由若干个多主体构成的特定聚集体。然后,我将讨论如何把模型6转换为一个连贯的模拟过程。

组织涌现的方案

这个方案开始于一个自由主体的多重复制,这个主体靠收集充分的资源进行繁殖(见图4.1)。它既没有条件,也不需要用条件加以考察的标识。根据回声模型的约定,没有条件就意味着"不在乎"(全部接受),而没有标识则意味着匹配分数为零,因此主体之间仍然可以进行交互作用。条件和标识由随后的交换和突变而产生。因此,条件和标识是否确实有用,还是一个有待验证的问题。如果标识和基于标识的交互活动出现并持续进行,我们将能够看到,在组织涌现的过程中,至少在由回声模型提供的情境中,它们将发挥作用。

产生较大多样性的第一步是突变,它造成了条件交配所需要的环

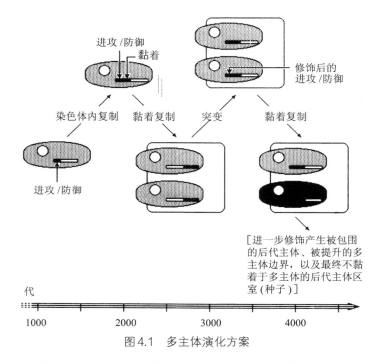

图4.1　多主体演化方案

境。随后,交换和重组将会发挥更大的作用,从而充分利用随突变积累而逐渐增加的、可能的组合范围。[我们可以通过参考有关遗传学的书籍中关于**染色体内复制**(intrachromosomal duplication)的部分,进一步改善这个论证过程。该过程最简单的形式是,截取染色体的一部分,加以复制,产生一个新的染色体使得其中有的部分被复制而翻倍。增加的这部分将为后来的重组和突变提供材料,从而扩展了主体的能力。]

　　当交换和突变产生条件黏着标识的时候,更复杂的组织开始涌现。当主体后代黏着于其中一个标识时,从单个主体向种群聚集体(如海绵)演化的过程就开始了。进一步的修饰会产生对于黏着分数的估算,从而促使某些后代形成内部边界,导致分层和组织复杂性增加。因为内部主体和外部主体面对着完全不同的环境,这就出现了特化的机会。比如,外部主体可以专门进行攻击、防御和交易活动,而内部主体则可以专注于把富余资源变换成短缺资源。

一旦这种聚集体开始形成,突变就会推动聚集体里的多主体边界标记"上移",从而形成一个包含若干主体的多主体。因此,多主体的"染色体"描述了一个组织,这个组织所包含的主体起分区室("细胞器")的作用。主体区室之间的资源共享则进一步为特化和繁殖优势提供了机会。

在这里,重组和突变可以产生足够的差别,于是在条件复制的情况下,多主体的后代包括不同的可操作的主体区室。我们因而获得一个包含若干个分化多主体(differentiated multiagents)的聚集体,虽然这一聚集体中的所有多主体拥有相同的染色体。这种变异将导致黏着中的差异。甚至还会有一些主体的后代,脱离与聚集体中所有其他成员的黏着,被逐为一个自由多主体。

如果此种被逐多主体与最初建立聚集体的亲代有相同的结构(相同的染色体和活动的主体区室),循环就封闭了。被逐自由主体成为产生黏着后代的种子,这些后代又聚集起来,产生原来聚集体的新的复本。这个过程跟一个受精卵不断分裂产生后生动物的过程很相像,而形成的后生动物又产生新的受精卵重复以上过程。

在这个演化过程中,组织新层次的出现依赖于一个关键能力:每个新层次收集和保护资源的收益必须大于日趋复杂的结构带来的逐渐增长的代价。如果种子聚集体能够迅速收集到足够的资源,用以"支付"复杂结构性的需求,种子就会扩展。我们看到,在回声模型中通过种子的修饰,为聚集体进一步的演化修正提供了新的可能性。

如果回声模型中的演化完全按照这一方案的思路进行,就可以得到组织涌现过程的精确的展示。我们不能保证真实系统都按照这一方式演化,但它提供了类似于冯·诺伊曼(1966)对自复制机器进行严格论证的一个优点。在冯·诺伊曼的工作之前,有关这种机器的可能性曾经争论了几个世纪之久。冯·诺伊曼通过证明这种机器(虽然是模拟的)

可以自我复制,从而解决了这个问题。同理,如果我们的模拟能够涌现这一方案的某种样式,回声模型就能表明:它所采用的机制足以产生复杂的形态发生。

因为这个方案的基础机制很少,而且是针对所有的复杂适应系统设计的,我们得到的远远不止形态发生过程的证明。已经完成的检验证明,多样性几乎是一个必然结果。它利用通用机制对复杂适应系统中普遍存在的多样性作出了解释。除此之外,我们对学习和适应过程也有了一个统一的描述,大大接近了描述突出的CAS现象的严格框架。

我们能否在回声模型的计算机实现中观察到上述整个方案,或类似的东西呢?坦白地说,我也不知道,但是这个方案绝非只是幼稚的猜想。回声模型的许多部分都已经检验过,也观察到了这一方案的部分现象。现在我们来考察,在计算机模拟中实现回声机制的方法,包括那些在已经完成的检验和观察中已实现的方法。

模拟的本质

我认为从创造条件开始很有用。大多数人都很熟悉计算机在字处理、电子表格、税率计算等方面的应用,对计算机在模拟方面的应用则不甚了解。实际上,计算机模拟应该追溯到计算机的起源。在一篇至今仍值得一读的经典文章中,图灵(1937)介绍了怎样建造计算机,一部可以模拟其他任何计算设备和计算工作的**万能计算机**(universal computer)。把计算机视为模拟其他设备的设备,对于基于计算机的思想实验的概念是十分关键的,因此,把这种应用与"数字捣弄"区分开来非常重要。

术语"模拟"(拉丁语"伪造"、"模仿"的意思)本身就提供了一些线索。模拟的本质是把要模拟过程的各部分与称作**子例程**(subroutines)

的计算过程的各部分联系起来的一种映射。该映射包括两部分：(1)把过程的状态与计算中的数字联系起来的一种固定的对应关系,(2)一组把动态过程与计算进程联系起来的"定律"。仔细考察这两者,对于我们研究回声模拟的具体细节将很有帮助。

模拟的常规方法是把要模拟的过程分成若干部分,然后建立一个固定的对应关系,把每个部分的可能状态与一系列数字联系起来,就像数学模型那样。举个例子,如果我们想查明一辆汽车或一架飞机的当前状态,我们会问一些问题,诸如,油箱里的燃料有多少？燃料消耗速率是多少？目前速度是多少？该速度下空气的阻力多大？所有这些(和其他一些)数字都与模拟有关。当收集到的数字足以描述过程的所有**相关**部分时,我们就说这个数集描绘了**过程的状态**。因此,映射的第一部分把描述过程状态所需要的数字集合与计算机中相应的数字集合联系起来。

映射的第二部分反映了模拟的重要特性：它描述过程状态怎样随时间而变化。这里的计算依然使用数字,但却与动态过程相关。数字的变化反映被模拟过程的变化。我们充分利用计算机执行条件指令的能力,实现这一部分的映射规律：IF(数字具有某值)THEN(执行计算1)OTHERWISE(执行计算2)。我们曾在适应性主体的定义中讨论过这种能力(第二章)。我们曾经指出,任何规律都可以通过排列IF/THEN条件和恰当的算术运算得到逻辑上十分精确的定义。于是实现这一部分映射,主要就是把产生动态过程的机制改写成计算中的IF/THEN子程序。

我们指出模拟和建模中一个共同点：在建立定义模型的映射时,选择是关键环节。动画片的隐喻仍有其指导意义。模型(动画片)能够或多或少地忠实于原型,这取决于模型(动画片)的目的。为了强调某些基本元素,我们必须使用简化的方法,有时甚至是一种不忠于原型的、扭曲的简化。牛顿(Newton)在建立他的模型时忽略了摩擦力,以便能更清晰地看清什么是动量。这个有点不忠实的模型,强调了这样一个规律:"运动物体在没有外力的作用下会一直保持其运动状态。"而亚里士多德(Aristotle)早期隐含了摩擦力的忠实模型,使他得出了"所有物体必然归于停止"的"基本定律"。亚里士多德的模型虽然很接近人们的日常观察,却错误地影响了对自然界的研究近2000年。建模是一种选择艺术,它选择与所研究问题有关的方面。同任何艺术一样,这种选择受爱好、品味和隐喻的指引。这是一个归纳问题,而非演绎问题。高等的科学需要依靠这种艺术。

回声模型的模拟

回声模型的核心是某些位置处主体之间的交互活动,这也就是模拟的中心程序(见图4.2)。在设计中,我们假定各位置的主体可以同时进行交互活动,与台球桌上好几个台球可以同时运动的情况类似。计算的执行就以此为前提。

在台球桌上,任何给定时刻都会有一些球处于碰撞状态,另一些球则在沿自由轨迹运动。同样道理,在任一给定时刻,回声模型中的一些主体可能处于交互状态,而其他主体则不然。那么,我们主程序的第一步就是确定位置处的交互情况。最简单的方法就是假定位置处的主体随机地接触,实现时只要从该位置的主体录中,随机选择一些主体对即可。注意:接触并**不**意味着一定发生交互活动,交互取决于条件和相关的匹配分数,接触只是为交互的发生创造了条件。

接触的概念必须扩展到允许聚集体之间的交互。如前所述,基本原则就是交互最终在聚集体中各单个主体之间进行。最简单的扩展方法就是,从位置的所有主体录中随机选择一个主体,然后再从第一个主

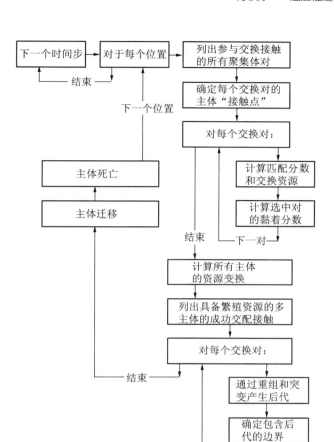

图 4.2　回声模型模拟的流程图

体的交互域内随机选择第二个主体。

　　从概念来讲，把所有接触分为两类是有用的。第一类接触，我称其为**交换接触**（exchange contact），它涉及交换交互作用和黏着交互作用，这些交互都**不是**父子代之间的交互。交换接触的两个主体是从一般群体中随机挑选的，只受主体边界条件限制。第二类接触，我称其为**交配接触**（mating contact），它涉及产生后代的交配和黏着。第二类中的候选主体，只限于群体中收集了足够资源进行繁殖的那些成员。就是说交配候选者包括有足够资源繁殖整个多主体染色体（回想一下，一个自由的原始主体就是一个主体、一条边界的多主体）的多主体。而在交换接触中,作用对的选择则主要关注受边界限制的交互域。

　　模拟先检查所有的交换接触,再检查所有的交配接触。下面我们依次介绍这两种接触。

交换接触

　　对于第一类接触,首先检查交换条件。由模型2(**条件交换**)中的具体过程可知,每个主体的交换条件都先检查对方主体的进攻标识。如果两个主体的交换条件都满足了,那么一个主体的进攻标识与另一个主体的防御标识进行比较,计算匹配分数。然后根据模型1的分派(**进攻、防御和库存**)交换资源。如果只满足了一个条件,那么条件不满足的那一个主体就有中止交互的可能;当两个条件都得到满足时,交互作用就继续进行。如果两个条件都不满足,交换交互就中止。

　　一旦交换交互作用完成,一些从执行了交换的主体集中随机选择的主体对就需要经受黏着检验。主体选择的比例对实验者是公开的,它是模型的一个参数。(对照交配接触下的父子代黏着,这种情况下的黏着允许聚集体由群体中的大多数成员组成。)对于每个已被选择的主体对,其中一个主体的黏着标识与另一个主体的防御标识进行匹配比较,计算净匹配分数,并根据匹配程度调整边界。模型4(黏着)中对此有具体描述。

　　如果交换接触导致主体区室之间的资源交换或黏着,这些主体区室就被标记为**活动**状态,从而为以后的条件复制作准备(详见下文)。

交配接触

　　交配接触局限于这样一些多主体,多主体与其区室主体的资源库中已经积累了足够的资源,足以复制所有区室主体组分。

　　因为交配接触以多主体为中心,当多主体有一个以上主体区室时,我们需要决定使用哪个交配条件。直观地讲,把对配偶的寻找限制在多主体的外边界似乎比较自然。最简单的解决办法就是在每次接触时从外边界的各主体中随机选择一个主体,作为交配条件的决定者。就是说,两个多主体每次有一次交配接触,两个多主体的外边界中往往有一个主体决定是否在接触以后继续进行交配交互。注意:如果外边界中的几个主体有着不同的交配条件,那么多主体在逐次接触中,就会呈现不同的"表情"。

一旦每个多主体都选出了确定的主体,就开始按照模型5(**选择性交配**)中具体描述的过程,进一步决定是否继续进行交配交互活动。每个主体的交配条件与另一个主体的标识段中的交互互补子串相比较。只要两个主体的交配条件都满足了,接触就转变成交配交互作用。

交配交互按照遗传算法的常规方式进行,亲代产生一对后代。两个亲代多主体染色体被复制、交换并产生突变,产生两个后代。(这个过程与实际生物过程只是大体相似,但它确实利用了已发现的积木的重组,这是CAS的一个关键特征。我们不难让这个过程与实际生物过程更接近,但这将会增加计算的复杂程度。)

一旦产生了后代,每个后代都被"分派"给一个亲代检验相互黏着的情况。亲代和后代的控制段中的黏着标识就进行匹配比较,并计算匹配分数,如模型4所述(**黏着**)。这个步骤为某种形态发生提供了可能,通过一代代子主体的黏着产生聚集体。随着一代代子主体的产生,聚集体的复杂性可通过以下两个机制得到增加:

(1)计算后的匹配分数可以导致子代或亲代移入包含亲代的边界内部;如果内边界不存在,就再生成一个新的边界。

(2)模型6(**条件复制**)中讨论的条件复制条件,可以决定后代多主体中的某些主体区室"关闭"(有效缺席)。就是在这时,交换接触中规定的伴随主体区室的活动或不活动状态就开始起作用了。多主体中每个伴随主体区室的条件复制条件,将与多主体的活动伴随主体区室的交互标识进行比较检查。主体区室只有在其复制条件得以满足之后,才能在后代中"开启"(出现),如模型6所述。因为只有出现的主体才能进行交互作用,这样一来,条件复制就能够实质性地改变以后各代的交换和黏着方式。正是在这个阶段,一些多主体子代由于缺乏黏着而脱离了聚集体,这有可能产生一颗种子,从而产生聚集体的一个全新的复本。

流程图

前面所述主体间的交互作用构成回声模型的核心,但除此以外,还有一些"持家"活动。这包括从位置中汲取资源、资源变换、主体死亡和主体在位置间的迁移。我将把它们一一嵌入回声模型模拟的流程图(图4.2)中。

如果我们把位置本身看作一个拥有标识的主体,从位置汲取资源就变得相当容易处理。于是,一个常规主体只要具备合适的进攻标识和交换条件,就可以和位置进行交互作用。在这种设置下,主体从位置汲取资源的能力能够通过标识和条件的变化而演化,整个过程就变成模拟过程交换接触的一部分。

资源变换的发生取决于主体染色体中合适片段的出现(详见模型3)。它可以在交换接触的最后,作为交配接触的前体被执行。

在所有接触的最后,主体迁移是最容易执行的。在模拟中,每个主体被分派一个位置标签(坐标),迁移就是指把现有位置标签改变成相邻位置的标签。在最简单的情况中,随机地选择几个主体,改变它们的位置标签。在更接近现实的版本中,如果主体的库存中缺少某些关键资源,它迁移的选择概率就会增加。(在这个主题上有许多不同的版本。)

主体死亡(如模型5**选择性交配**所述),可以是每个时间步的最后一个活动。在最简单的情况中,主体有一个固定的删除概率。通过在每个时间步收取主体的一份"保养费",比如说它在染色体中使用的每种资源的一个单位,我们就可以让这个过程更接近于现实。如果主体被收取费用以后,其资源库里缺乏**所有**这些资源,它被删除的概率就增加了。(在这个问题上也有许多不同情况。注意,在收取保养费的时候,如果亲代能把自己库存的部分资源传给其后代,这是有好处的。)

检验:基于群体的"囚徒困境"

在我写这本书的时候,只有回声模型1经受了广泛的检验。有一个复杂精巧的软件可以提供很好的交互模拟和灵活演示这些行为的方式,你可以借助对于飞行模拟器(本章后面将叙述)的想象来帮助理解。我们曾经观察过生物学军备竞赛(见图1.12)和一些诸如毛虫—蚂蚁—苍蝇三角等经过检验的例子。

对其他模型的广泛检验还有待将来的工作。不过,我们已经从类似回声模型这样的模拟中有了许多收获,特别是标识在对称破缺的效果方面。这些有趣的话题足够我们讨论了。

我曾在第二章末介绍了"囚徒困境",来说明适应性主体改进其策略的方式。这个例子可以很容易扩展到类似回声模型环境中的一群主体。在台球模型中,主体们随机接触,每个主体都有一个通过重组和突变从亲代遗传得来的策略。当两个主体接触的时候,就进行一轮"囚徒困境"对策,每个主体都按自己的策略行动(见图4.3)。经过连续数轮对策,每个主体都积累了一定的得分,并按正比于其积累率的速率繁殖后代。(这是回声格式的一个简化版本,在这里主体有一个显式适应度函数,不需要收集资源"琢磨"其策略。)我们的目标就是观察主体们在

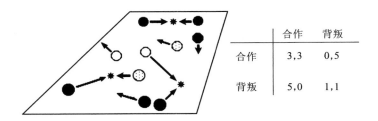

	合作	背叛
合作	3,3	0,5
背叛	5,0	1,1

- 每个主体皆有由一组规则确定的策略。
  例如，●的规则之一可以是：IF｛0｝THEN合作。
- 每当主体对随机相遇（*），皆进行一轮"囚徒困境"博弈。
- 主体从一系列博弈中积累经验（收益）。
- 主体积累的收益超过预定额时，就（通过突变）复制自己。

图4.3 基于群体的"囚徒困境"

相互适应的过程中采取什么策略。

让我们观察符合这一格式的两个实验。一个实验中，每个主体都有一个描述其策略的染色体，但它无法区分各个主体。每个主体都好像台球桌上的母球，有隐含的内部模型（策略）。在另一个实验中，每个主体的染色体不仅定义了策略，还定义外部标识和交互条件。标识、条件和策略之间没有必然联系，都是染色体的独立部分，经历独立的适应过程。因此，这些实验展现了两个不同的世界，一个有标识，一个无标识。

这两个世界中的策略会不会在演化中存在持久的差异呢？在前面的讨论中，我们曾期待标识引起的对称破缺所带来的好处。比如，如果主体发展一个条件，能够识别与"合作者"相联系的标识，它就可以由于得分的不断增长而繁荣。尽管有时会有一些不一致，我们仍可以看到实验确实验证了这一猜想。

早期关于选择性交配的实验（Perry，1984）就与该过程相关。考虑一个拥有随机分派的各种标识和检查这些标识的选择性交配条件的群体。随着标识和条件的增多，它们（标识和条件）的组合方式也随之增多。即使使用最保守的数目，也会有一些标识条件组合赋予少许繁殖优势。比如,组合可以把交配行为限制到积木合作协调的"相容"个体之间,从而减少交换中产生的不适应后代。标识与赋予繁殖优势之性状的早期的任何偶然联系,会因为逐渐增加的繁殖速率迅速传播开来。由于随机分派,原本毫无意义的标识因而有了意义。它们开始代表特殊类型的相容性。演化过程不断改进基于这些标识的选择性交配条件,这样主体们就能够对这一相容性作出反应,从而提高其适应度。在佩里(Perry)的实验中,不同的位置为不同的积木和相容性提供不同的概率。遗传算法中标识的扩充和条件的调整,导致了定义清晰、位置特有的未杂交物种的产生。

在基于群体的"囚徒困境"的实验中,我们预期使用标识的主体也会有类似的好处:有识别与合作者相联系标识的条件的主体,将会因为得分的逐渐增加而繁荣起来。如同选择性交配实验那样,有一种强烈的倾向,偏重于选择有利于有用的交互作用的标识和条件。实际上,主体发展了一种默认的模型,期待着与有某种类型标识的主体交互。

密歇根大学的里罗(Rick Riolo)按上述思路做过一些实验,这些实验证实了标识提供好处的预期,还获得了一些重要的见解。

首先考虑没有标识的主体。一对主体每次接触都会进行一轮"囚徒困境"对策。因为配对是随机的,所以对手也是随机的、没有明确标识的,因此没有实现条件交互的基础。在这种演化的群体里,颇有成效的针锋相对策略从来不能持续很长一段时间。大部分交互活动均属于按极小极大原则确定的背叛—背叛类型,显然,其结果要比合作—合作交互要差。

有标识的主体则沿着一条完全不同的道路演化。从某种意义上来说,随着策略的演化,主体似乎都倾向于以下两点:(1)采用针锋相对策略;(2)具备一个以易受针锋相对策略影响的子群体所载标识为基础的条件交互规则。这就是说,每个主体都限定自己只与拥有某种特定策略的主体交互,这种策略在针锋相对中(经常)产生合作—合作结果。由此产生的较高的繁殖率,使这个主体及其合作者通过群体传播。随后的重组限制了针锋相对主体只与采用针锋相对策略的主体交互。一旦建立了这种交互关系,此种子群体就强烈拒绝其他策略介入。用生物学术语表述就是,这些进行受标识调节的条件交互活动的主体,会找到一种类似于演化稳定策略的东西。[演化稳定策略(evolutionarily stable strategy,简称ESS)这个概念是由史密斯(Maynard Smith)于1978年提出来的。这种策略一旦在群体中得以建立,就拒绝一切可能在演化中少量引入的其他策略介入。]

即使在狭义的基于群体的"囚徒困境"中,有标识的适应主体的演化机会也远远超出刚才提到的ESS。比如,拟态变得可能。当执行一个不同策略的时候,主体能够显现出与针锋相对策略相关的标识。拥有一个功能含义明确的标识(这里指的是针锋相对策略)的主体为其他主体提供了新的生态位。这些生态位通常在大小上有限制,这取决于保证"奠基"主体得以持续生存的具体情况。生物学研究表明,在拟态中,与被模仿者相比,模仿者在整个群体中其实只占据较小的一部分。这是因为随着拟态所占比重的增加,其他主体开始适应这种欺骗现象。负反馈限制了拟态的扩张。非常典型的是,标识给生态位赋予有限的"容量",这导致一个高度多样化的系统的产生。在这个系统中,不存在能够打败一切来者的"超级个体"。

未来的应用

回声模型的发展有两个大方向。一个包括日益复杂的思想实验,它旨在认识CAS演化的机制和原则。另一个则给回声模型添加更多的现实因素,这样就可以用作"飞行模拟器",用以指导复杂适应系统的研究。

思想实验

本章开头的组织涌现方案是一个例子。它反映了我们想要从基于回声模型的思想实验中得到什么东西。从模型1，以及从其他诸如条件交换的机制的部分检验中得到的结果，都为该方案提供了证据。但结局还远不能确定，因为在这方面还有很多要学习的东西。

值得再次强调的是，这种基于计算机的思想实验并不是要匹配一些数据，而是想要发现特定机制的适当性。为CAS现象提供一般性的解释都不容易，更不用说要简化到严格模型中的几个候选解释方案了。[正如皮尔斯（C. S. Pierce）所说，它们可不像蓝色浆果那样唾手可得；见Wiener，1958。]因此，探求可能性是一个预备步骤，预先知道在特定机制下我们到底能走多远是有益的，我们失败的细节也会帮助我们提出新的机制。

如果机制被证明足以产生部分方案，**那么**研究它们是否存在于实际的CAS中并扮演相似的角色将是值得的。成功的思想实验会告诉我们怎样看待复杂的可能性与数据"乱麻"，并为新实验提供指导。一旦我们达到这个阶段，思想实验方法就开始与飞行模拟器方法结合起来了。

飞行模拟器

一架大型商用飞机的副驾驶员在他的第一次载客飞行中，在这架特定类型的飞机（比如波音747）上的实际飞行时间不到1小时。他的大量飞行时间**其实**是在飞行模拟器上度过的。可能大家觉得时间的分配应该是其他方式，不过我认为这种方式就很好。在模拟器中，飞行员的实验方式可能是真实的飞机所无法实现的，更不用说载客飞机了。飞行员可以检验两个引擎都突然熄火的情况，或者从颠倒飞行中恢复正常的过程。另外还有一些模拟例子，使得飞行员从中学到一些经验。这些经验曾在几年前一架客机的所有控制面板失控的情况下,起了救命的作用。那架飞机最终由一个曾经在模拟器上检验过独自驾驭突发灾难能力的驾驶员驾驶并安全着陆了。

当然,模拟器经验的价值要随模拟器忠实于真实飞机的程度而定。飞行模拟器必须成功地模拟真实飞机在各种可能发生的事件下的行为。空气动力学和控制的坚实理论,一个自然的、类似于驾驶员座舱的界面以及优秀的程序设计,都是一个可接受的飞行模拟器的重要组成部分。对于这个复杂综合体,如何确认其最终的可靠性呢?要知道,就连简单的程序都难免会有一些小漏洞,而飞行模拟器程序是相当复杂的。

现在有经验的飞行员进入模拟飞行器。飞行员"启动模拟器"做一系列检验飞行,完成一些从长期实际飞行经验中得来的控制操作。特别是,飞行员"推动操纵杆",让这架模拟飞机在它的极限设计参数下运行。如果模拟器如飞行员所预料的那样运作,我们就获得了真实支票,否则就得重起炉灶。可能模拟器距离真实行为总会有一些不寻常的、未经检验的地方(真实的飞机也有可能遇到类似的意外),但是如果模拟器通过了此种苛刻的模拟测试,它就不大可能有系统性的错误。

这种获取真正的控制的方式,为真实系统的模拟设定了目标。经历过真实CAS的人在模拟器上执行熟悉动作时,应该能够观察到熟悉的结果。这不仅对编程,也对界面设置提出了要求。我们不应指望检验者成为模拟程序设计方面的专家,不可能期望飞行员精通飞行模拟器背后的程序设计。飞行模拟器为飞行员提供了座舱和其他接近真实系统的界面,帮助他以熟悉的方式采取熟悉的操作,并观察结果。一个生态专家、经济学家或者政治家在模仿真实系统时,处理类似于回声模型的模拟,应该能够获得同样的好处。

我们在处理CAS时,建立一个真实的界面是一个困难而不寻常的任务。不过,有一些有趣的"政治"视频游戏的界面给我们提供了一些启示。比如,SimCity(Wright,1989)就为我们提供了一个直观、自然的方式,来观察包括税收、都市分区、犯罪、机构选举等复杂内容的城市形势,并作出反应。游戏本身大大简化了都市动态过程,但它的界面却比CAS领域的各种模拟复杂得多。

最后一点,有着真实界面的CAS模拟是非常有用的,因为它使生态学家、经济学家或者政治家可以试验在真实系统中不容易尝试的其他方案。通过具体探究别的行为效果,能够强化实验者的直觉。正如飞行员可以检验一下控制灾难局势的方法。有了充分的预见,灾难甚至可以被用来改变某些行为习惯。在1994年旧金山地震之后,大约有80%的当地居民开始使用公交系统。几个月以后,驾车者的数目又开始回升,接近于震前的水平,但也可以不是这样。驾车者数目的回升是灾难的一个可预料的后果。先前一些关于强化变化的预料,早已肯定驾车者数目会大量增加。

我们已经走了多远?

我们现在已经掌握了一种为适应性主体建模的方法,也知道了怎样研究它们的交互行为。我们提出的模型绝非能够建立的唯一模型,对CAS的不同观察角度,肯定会导致不同的侧重和不同的模型。但这并不是说,这里的模型是随意的。

最重要的一个限制是,基于计算机的模型不应该只是可以定义所有主体策略的一种编程语言。因为一种语言能够描述现象,**并不**意味着它就能提供有用的洞见。两种有同样形式化能力的语言完全可能提供截然不同的洞见。模型以及它所使用的语言,必须与现象和感兴趣的问题相符合。

　　为了更好地认识这一点,我们需要进一步确定,当我们说两组假设,比如几何学的两个公理系统**形式上等价**时到底是什么含义。当一个系统的所有逻辑结果(**定理**),与另一个系统的所有定理一样的时候,我们就说这两个系统**形式上等价**。不过,经常可以证明两个系统的形式等价关系,而不必知道它们所需定理的太多情况。这有一个相当大的好处,我们的形式化不因不够有说服力而受到削弱。然而,对于我们目前的目标而言,这还不够。在推导重要的定理时,不同的形式等价系统会引起实质上不同的困难。它们可能会有非常不同的"易理解的"表达方式。

　　考虑欧几里得几何学两个形式上等价的表述(公理系统)。其中一个系统对某个重要定理(比如毕达哥拉斯定理)的最短证明只需不到20步;而在另一个系统里,对同样定理的证明就可能需要至少10亿步(或者你愿意选择的任何数目)。我们从20世纪前30多年的理论工作中知道,在形式等价系统中确实存在着这种差别(见 Mostowski,1952)。由于其实施的工作量的巨大差别,这样两个系统会导致对欧几里得几何学完全不同的洞见。也就是说,形式上等价并不意味着"可理解洞见上的等价"。如果我们脑海中已经有了筛选过的问题,那么仅仅确定表述在形式上能够回答这些问题是不够的。我们需要进一步分析问题,这对于获得一个严格的表述,从而帮助而不是妨碍研究来说,是必不可少的。

　　这些限制应用于适应性主体,就证实了本节开头的观点。我们需要比编程语言功能更强大的形式工具,来表达所有适应性主体交互作用。因为适应性主体的种类繁多,其策略也相应地多样化,所以我们需要一种更强的语言来为这些主体定义可行的策略。不过,这还只是开端。增加我们对多样性、内部模型、杠杆支点等问题的认识的模型,必须满足额外一些更强的限制。我们必须考察适应性主体的各种活动,如行为、信用分派和规则发现等,然后调整模型以便直接研究从这些活动中产生的交互作用。我们还必须清楚地定义演化过程,这个过程应当让主体从学习中得到预期和创新。这些限制都很强,因此不容易提出展示这些能力的一般性严格模型,更不用说一个合理的模型了。

回声模型确实满足这些限制,从某种程度上来说也是合理的。符合简单的回声模型机制的模拟器,已经展示了我们在真实CAS中所观察到的演化和交互。初步的运行使用了一些更精致的机制,也展示了我们对这些机制所期望的增强功能。一些或简单或复杂的项目正在改进回声模型,试图让它能够使用真实数据。但这是一条漫长的道路。

广义地说,我毫不怀疑由回声模型这种模拟所引导的思想实验对认识复杂适应系统至关重要。我们需要此种模拟所提供的中间客栈。理论与受控实验之间传统的直接桥梁,在这种形势下是根本不可能有的。我们不能遵循传统的实验道路,仅仅在重复运行中改变选定的变量,而固定其他大部分变量。这是因为,在大多数CAS中可控的初始化是不可能的,而且有些CAS运作周期太长。而基于计算机的模型只要抓住真实CAS的"恰当"方面,就为我们提供了这一可能性。就这一点来说,模型与设计性实验没什么区别:由品味和经验决定的选择至关重要。最后,像回声模型这类模拟只有当它们所提出的模式和积木可以转换为数学理论的形式时,才更有用处。

第五章

通向理论

迄今为止,我们的大部分努力都花在理解和设计回声模型这个中间客栈上。现在我们考虑我们的目标———一般原理。尽管目标还在遥远的地平线上,然而已经出现了一些有用的路标。大多数圣菲研究所研究 CAS 的人对前途都非常乐观。我们相信**存在**一些一般原理,能加深我们对**所有**复杂适应系统的认识。目前我们还只能看到这些原理的部分片段,而且注重点也随时间在改变,但是我们能看到大体轮廓,也能进行一些有用的推测。我们到底能看到些什么,想象到些什么呢?

数学是我们前进道路上一个必不可少的要素。幸运的是,我们无须深究其细节去描述数学的形式,也没必要深究它的贡献。在我们将要结束工作总结理论的时候,细节很可能已经改变了很多。数学之所以起着非常重要的作用,就在于它本身能使我们表述**严格的**推广(即原理)。不管是物理实验还是基于计算机的实验,它们本身都不能形成这种推广。物理实验通常只限于为严格模型提供输入和限制条件,因为这些实验本身很少使用允许推导研究的语言描述。基于计算机的实验具备严格描述,但是它们只针对具体问题。另一方面,一个设计良好的数学模型可以推广物理实验、基于计算机的模型和交叉学科对比所揭示的特殊结果。而且,数学工具能提供适用于所有 CAS 的严格的推导和预测。只有数学才能带我们走完全程。

观测与理论之间的分离

为了更清楚地看到有关CAS的观测与理论之间的距离,我们再看一个例子,这回涉及可持续问题。

20世纪初,密歇根州上佩宁苏拉的森林遭到了滥伐,大部分地区都变得荒芜贫瘠。然后,在20世纪30年代的大萧条时期,为减轻城市失业造成的破坏性效果,森林保护组织(简称CCC)成立了。几年中,CCC(其在该地区的大部分成员来自底特律)以极其低廉的政府开支,在上佩宁苏拉的大部分区域种植了大量秧苗。如今,半个世纪以后,这片土地又变得郁郁葱葱,成为旅游和木材工业赢利的来源(这次可谨慎多了)。几十年以后对当年CCC成员广泛的采访发现,他们中几乎所有的人都把这个时期看作他们生活中的转折点。

我们倾向于把这个例子看作政治—经济环境下的关于杠杆支点的最佳例子。但是仍存在很多问题。如果我们用洛杉矶和西北森林取代底特律和上佩宁苏拉,(至少大体上)还会重复这个过程吗?这是一个广义上属于共生类的解决方案。是否还存在关于资源可持续性的市中心问题的类似例子?更一般地说,经济和政治方面什么样的综合环境使这样的远景投资成为可能?难道它们总是必须以某种灾难(比如我们在前面举的例子中的旧金山地震与公共交通系统)为中心吗?为什么那些与可再生资源(如森林和鱼)打交道的人,明知他们的行为会破坏自己的生存环境,还要耗尽这些资源呢?这是否与“囚徒困境”的负面效应有关?

对于后两个问题有一些似是而非的回答。我们谈论“共同的悲剧”,是指某种共同的资源迅速被每个人的行为消耗掉,其原因是每个人都不相信别人的节制。这的确让人想起"囚徒困境"的背叛—背叛解决方案。我们谈论"资本流动",它的情况是工业投资商与"当地人"(工人和雇主)利益不同,因此当地方工业垮台的时候,投资商只需转移投资别的产业即可。投资商并不受工业垮台的影响,起码在短期内如此,因此他们不在乎。这些回答比那些权威人士对当日股市涨落的解释更有说服力,但我们不能确定这些回答何时适用,以及是否适用。

我们可以付出一定的努力为类似回声模型的局势建模。飞行模拟器这样的模型尤其有用,它能使政治家或经济学家观察到他们认为可行的政策的短期、长期结局。实际上,这还不够。如果能知道观察问题的合适角度,受其指引,我们将会受益更大。我们需要一种研究超越熟悉政策的方法,它可能无所贡献,亦可能陷入立法僵局。但各种可能政策的空间很大,如果我们能揭示其本质,会发现其中有些满足杠杆支点的规律。但杠杆支点常常隐而不显,也不易在试错法探索中被发现(起码在我们的例子中)。在这些情况下,把杠杆支点与具体问题联系起来的有关理论指导将有不可估量的价值。

双层模型

形成一个合适理论的第一步,仍然是从一大堆可能的候选材料中仔细选择机制和特性。把这个问题放到一个对所有CAS皆通用的机制为基础的框架(如回声模型)中加以改造,会提供很多有用的帮助。尤其是当模型很简单、只突出一些以思想实验而非飞行模拟器为目标的问题的特征时,特别有用。我们仍然寄希望于理论,尤其偏好那些可被数学化而不危及相关特征的成分。

考虑CCC示例。第一组主体(市中心工人)从一个地点(底特律)移到另一个地点(上佩宁苏拉)之后,这组主体的行为就成为另一组主体

（树）恢复的催化剂，回声模型中的模拟的一个重要部分就是以第一组主体的行为为中心。我们在这里研究**流**（第一章）的结果，还接触不同的时间尺度。工人们在一个时间尺度中发生转移或行动的情况成为"快动态"（fast dynamic），而树木的恢复要经历一个相当长的时间尺度，这叫作"慢动态"（slow dynamic）。

借助回声模型，我们可以从不同类型主体之间的资源流角度看待问题，大部分CAS问题都是这样的。如果我们作两个简化假设，就可以在问题与数学模型之间建立牢固的联系。这两个假设是：（1）主体可以聚集成不同的物种或种类。（2）在相似种类中的主体间有快速的资源混合。关于第一个假设，CAS的层次组织的特点使聚集能够很容易且很自然地形成。（比如，可以参见第二章中关于缺省层次的讨论。）第二个假设保证了交互的结果快速散布到每个聚集体中。快速散布反过来保证了我们能够每次为聚集体分派一个平均的资源水平值，而不会受到聚集体内非线性效应的阻碍。在这些假设下，我们以一种双层结构形式来看待基于回声的模型（如复杂适应系统）。

底层

底层关心的是不同种类的主体之间的资源流动。综合每种主体内部的快速混合和主体之间的随机接触，我们有可能建立一个类似第一章中讨论的台球模型的数学模型。就是说，我们可以把**每种**主体看作一种台球，对于每对主体我们可以确定一个反应率。这个速率直接由回声模型中每个主体的交换条件和交换记分机制确定（见第三章中模型2）。结果我们会得到一组反应率数据（见第一章中的**非线性**特性）。

一旦计算出这个数据阵列，我们就接近建立一个描述流随时间而变化的数学模型了。特别是，随着时间的流逝，我们会逐渐接近用数学来描述位置中每种主体的变化。相关的工具就是在非线性的例证中所讨论的洛特卡—沃尔泰拉方程。这些方程让我们使用可能的每对主体的反应率,来决定每种主体的相应变化。但是这里有个问题,这个流模型给出了各个主体的**总的**资源,而方程则需要每种主体的资源在整体中所占的**相应**比例。因为不同的主体在其结构中使用不同数量的资源,所以知道了聚集体总的资源并不能直接决定各种主体的资源。为了计算相应的比例,我们必须把聚集体的总资源按每个主体复制所需的资源量进行分配。

快速混合假设现在让我们认为资源总量被每个聚集体中的个体平均分配。具体而言,快速混合假设保证聚集体中每个主体的资源库中每种资源的数量都大体相等。这样,我们就可以把总资源数量除以用于建立主体染色体的每种资源的数量,来决定聚集体中主体的数目。知道了每种个体的**数目**,我们就能决定它们在个体总数中的**比例**。而确定了比例,我们就能用洛特卡—沃尔泰拉方程对受主体调节的资源流的变化进行数学描述。

即使在这种最初的层次,关于杠杆支点也可以有一些理论上的进展。因为主体的某种资源可能有盈余,所以只有聚集体的某些资源可以根据给定主体的数目进行"计算",这就出现了"瓶颈资源"问题。仔细研究流模型,我们会发现瓶颈资源的变化(比如一次新的交互大大增加资源的水平)会有突变效应。它能引起一系列新的交互作用。瓶颈资源变化往往引起大大超出瓶颈资源本身变化比例的效应。

用物理学术语来说,底层为我们提供了系统快动态的数学模型。

上层

流的快动态必须成功地与长期的适应和演化的慢动态相耦合,才能使CAS的数学理论行之有效。在这个双层模型中,上层刻画主体的演化,它使用遗传算法改变后代的结构,如第二章末所述。在回声模型中,最终的主体结构精确地决定了资源交换的数量,因此底层的反应率也直接与上层的行为结果相耦合。注意,底层中关于主体种类(聚集体)的定义的变化会导致与上层不同的耦合关系。

在给底层选择聚集体和耦合时,我们想更清楚地看到,当遗传算法引起给定的积木(模式)扩散和重组时,网络如何变化。在极端情况下,我们用网络中的一个结点代表一个不同的主体。这样底层在形式上是正确的,然而变化的模式将会分散到大量的结点上。在大多数情况下,模式将很难辨认。只有当我们按照被选积木的出现与否把聚集体主体归类的时候,底层才在计算和理论上真正有用。于是相对于这些积木的变化模式才变得明显。这就是前面的所谓"有用聚集"假设的要旨(请回顾第一章)。

然而,主体聚集引起了类似于我们在前面资源聚集中所遇到的困难。对于某一给定主体,我们可以直接确定其资源流和反应率(详见第三章)。然而,对于这些主体所属的**聚集**对而言,这并不一定是一个合适的反应率。某一特定种类的主体通常并不以相同的方式交换资源。毕竟,我们只是因为它们拥有**某些**共同的积木,就把它们归于同一种类。因此,同一种类的两个主体完全可以有不同的反应率。这样一来,我们就又不可避免地碰到第一章中讲过的非线性的困难了。我们不能只是把某一种主体的一些个体的反应率进行平均,以得到这类主体的聚集体的反应率。这就是说,与流网络相关的反应率并不就是与主体对相关的反应率。

如果主体组分彼此之间交换资源的能力差别不大,我们就**能够**确定主体类的一个有用的反应率。在这种个体反应率接近的情况中,以平均速率计算出的流就与实际的流很接近了。(实际的流是由单个主体的单个流加起来的。)至少我们能够确定,没有哪个主体的反应率低于(或高于)一个定值,从而帮助我们确定流、繁殖率等方面的具体界限。

保证聚集体中个体反应率相互接近,实际上在很大程度上由建立双层模型的理论家所控制。他对特性进行选择,并按照特性将主体归类,成为聚集体。通过选择合适的特性,理论家可以限制每个聚集体中个体反应率的变异。为此,交换条件和交互标识的积木是主要问题。通过把这些积木的主体(具有相同等位基因)聚集起来,理论家就可以保证各反应率接近,而从简化的底层中获益。

总之,一个让上层与底层建立有用耦合的方法,就是将在染色体中进攻标识、防御标识和交换条件部分有相似积木的主体聚集起来。如果我们通过条件复制进一步限制这些聚集体,就得到一种非常类似于生物的物种发生(speciation)。因为聚集体之间不能相互混合,所以必须进一步加强模式的建立。不论哪种情形,当主体在遗传算法作用下演化和适应时,上层都是改变下层流网络的结果。

双层理论

上层的相关理论开始于遗传算法的模式定理,因为该定理讲述了积木的扩散和衰退。然而,第三章末对这一定理的介绍还只是一个开始。我们需要对于回声模型的隐式适应度也成立的一种模式定理。此定理应该能够告诉我们不同类型之间模式的扩散情况,尤其注意选择性交配的效果。这一点对于我们认识真实CAS中积木的扩散很重要,比如有关三羧酸能量变换循环在大部分喜氧生物中的扩散或者计算机芯片在汽车引擎和照相机等物品中的广泛应用。

由于回声模型中主体的恒新性,我们仍然需要更满意的理论。回声世界的发展过程是一个有众多可能性的空间中的一条轨迹;我们需要知道这条轨迹的形式,特别是由于CAS很少达到终点或平衡状态。只有明白了轨迹的样子,我们才可能认识CAS过程。

但是要预知轨迹的具体细节很困难,甚至不可能,不过我们可以肯定它绝非随机走动(random walk)。我们充其量面对类似于每日每月的天气变化,尽管我认为CAS比天气预报要可预测得多。即使对于天气,也存在一定的积木,如锋面、高压和低压,基于这些积木的理论大大加深了我们对于天气变化的总体认识。预测具体的天气变化,特别是很长一段时期的天气变化仍然很困难。不管怎么说,理论为我们提供了指导,指引我们认识天气现象的复杂性。尽管穿过天气的众多可能性空间的具体轨迹恒新,我们能够认识大的模式和它们的(许多)缘起。结果我们就不仅仅像过去预测"明天的天气将与今天一样",从而拥有60%的正确概率,我们会比过去做得好得多。CAS的相关理论应当做得更好。

复杂适应系统比天气更有规律性,这至少有两个原因。第一,某些受偏爱的积木长期存在。(在生物系统中,三羧酸循环无论在空间还是时间上都存在;在经济生活中,税收同样存在于时空之中。)第二,有一种在生物学上叫作**趋同**的现象,它进一步加强了可以预测的规律性。在这一意义上,不应把趋同与数学上的收敛,即到达终点(不动点)混淆起来。这里的趋同是指占据相似生态位的主体的相似性。知道了有关生态位的情况,我们就能预知占据这个生态位的主体的情况。比如,生物学家最近发现一种热带开花植物,其花蕊藏在极深的花瓣中,这种深度前所未有,它只接受蛾的授粉。这种花提供的生态位就让科学家极有把握地预测到,一定有一种蛾(尚有待发现),它同样具有前所未有的长喙。

积木和(生物学)趋同的规则性,意味着流网络发展的规律性。这些反过来意味着主体在某些结点将会有高度的集中。在存在许多主体的地方,极可能出现新的变种;样本越多,意味着变异的可能性越大。相应地,新的主体类(结点)的产生应当集中发生在这些主体数目多的结点,我们把这种现象称为**适应性辐射**。于是,我们就对网络的生长过程有了一定了解。如果快动态规律可以由洛特卡—沃尔泰拉方程组的形式表示,那么对生长的描述就得再增加一些方程。这增加的方程又相应地改变系统的动态性质。为了把这个生长过程与上层耦合起来,我们需要一种模式定理,它考虑了选择性交配的情况,同时又只使用内生适应度。这个定理将帮助我们确定底层流网络空间里的轨迹形式。它告诉我们,在这种对所有复杂适应系统都成立的一般性条件中,趋同意味着什么。

总览

无疑,双层模型(two-tiered model)抓住了 CAS 中正在发生的一部分现象的实质。但我们还只是刚刚开始赋予它数学理论所要求的精确表述。数学中有两个进步会对我们形成双层模型理论有帮助。一个是基于方程**组**的一种组织化的动力学理论,这个方程组的个数(基)随时间而变化。另一个是将发生器(积木)与层次结构(比如,缺省层次)、策略(对策中的移动**类别**)、同这些策略相联系的"值"(对策得分)联系起来的一种理论。

下面插入一些对熟悉数学的人来说是离题话的东西。数学在这里就像生成函数,用来分析随机过程的参数(见 Feller,1950)。其组合部分就具有"自动化"(自动机)群的工作的味道(见 Baumslag,1994)。随机部分可借助于马尔可夫过程(Markov processes)来研究,但这个过程的通常处理集中于特征向量和不动点,这**没有**太大助益。实际上,我们需要知道的是在该过程的暂态阶段聚集体发生了什么。研究全过程的所有状态聚集,就又会遇到屡见不鲜的非线性困难。不过,有一些相应的解决方法能帮助我们研究这个恒新性(比如,可参见 Holland,1986)。一个成功地把生成函数、自动机群和改进版马尔可夫过程结合起来的方法,应该能够刻画重组产生的远离平衡的演化轨迹的持存特征。

不管我们用什么数学方法来研究CAS,目的都是确定产生共同现象的共同原因。在开始的时候,我列出了3种机制(标识、内部模型和积木)与4个特性(聚集、非线性、流和多样性)。这些是我自己的研究中主要的候选原因和特征。其他研究者可能有别的候选方案。然而我认为,在圣菲研究所我们应该在以下方面达成一致,即为了成功地形成理论,需要下述基本要求:

1. **学科交叉性**。不同的CAS表现出不同的优势类属性,因此思路就应当来自不同学科中的不同CAS。在本书中我们已经见过许多比较以及它们可能的用途。

2. **基于计算机的思想实验**。计算机模型能够帮助进行在实际系统中所不可能进行的复杂探索。我曾经指出,对实际CAS进行孤立的实验,并不断地重复测试系统的某个部分,不啻于检验一架真正的载客喷气式飞机引擎突然熄火的问题。计算机模型使对照实验成为可能。这种模型可以提供存在性证明,它证明某些特定机制足以产生某种现象。它们还能为有准备的观察者提供一些关于关键模式和有意义假设方面的建议,比如杠杆支点的存在条件。

3. **对应原理**。玻尔的这个著名原理用到CAS中,就是说我们的模型应该包括以前在相关领域内的标准模型。这有两个好处。玻尔的原理通过综合从已确立学科里来的抽象和概括,保证了最终形成的CAS理论有据可依。它还防止了我所说的"目击者"式误差。这些误差之所以发生,是因为对模拟与被研究现象之间映射的限制还不够充分,只是在为计算机的数字流分派标签方面给了研究人员太多的自由。已确立学科中的标准模型限制了这个自由,是因为它们已经有了一个标准映射。

4. 基于重组的竞争过程的数学。最后,我们需要一个严格的推广,来定义竞争交互和重组产生的轨迹,而这是计算机实验本身无法实现的。恰当的数学必须远离传统方法,强调重组所产生的远离平衡的演化轨迹的持存特征。

我相信,这个适当化合的混合物,有可能为我们面临的涉及复杂适应系统的诸多难题,找到一条统一解决的途径。这些难题正在耗尽资源,把我们的世界置于危险境地。这是一种不大可能失败的努力。在最坏的情况下,它也能提供新的洞见和观点。而在最好的情况下,它将揭示我们寻觅已久的一般原理。

参考文献

（标有星号*的著作或文献适合普通读者阅读。）

*Axelrod, R. 1984. *The Evolution of Cooperation.* New York: Basic Books.

——.1987. "The Evolution of Strategies in the Iterated Prisoner's Dilemma." In L. D. Davis, ed., *Genetic Algorithms and Simulated Annealing.* Los Altos, Calif.: Morgan Kaufmann.

Baumslag, G. 1994. "Review of *Word Processing in Groups* by D. B. A. Epstein et al." *Bulletin of the American Mathematical Society* 31(1): 86—91.

Boldrin, M. 1988. "Persistent Oscillations and Chaos in Economic Models: Notes for a Survey." In P. W. Anderson et al., eds., *The Economy as an Evolving Complex System.* Reading,Mass.: Addison-Wesley.

*Bonner, J. T. 1988. *The Evolution of Complexity by Means of Natural Selection.* Princeton: Princeton University Press.

*Brower, L. P., ed. 1988. *Mimicry and the Evolutionary Process.* Chicago: University of Chicago Press.

*Brown, J. H. 1994. "Complex Ecological Systems." in G. A. Cowan et al., eds. *Complexity: Metaphors, Models, and Reality.* Reading, Mass.: Addison-Wesley.

Buss, L. W. 1987. *The Evolution of Individuality.* Princeton: Princeton University Press.

*Dawkins, R. 1976. *The Selfish Gene.* Oxford: Oxford University Press.

Edelman, G. M. 1988. *Topobiology: An Introduction to Molecular Embryology.* New York: Basic Books.

Feller, W. 1950. *An Introduction to Probability Theory and Its Applications.* New York: Wiley.

*Gell-Mann, M. 1994. *The Quark and the Jaguar: Adventures in the Simple and the Complex.* New York: Freeman.

*Gould, S. J. 1994. "The Evolution of Life on Earth." *Scientific American*, October, pp.84—91.

*Hebb, D. O. 1949. *The Organization of Behavior: A Neuropsychological Theory.* New York: Wiley.

*Hofstadter, D. R. 1979. *Gödel, Escher, Bach: An Eternal Golden Braid.* New York: Basic Books.

Holland, J. H. 1976. "Studies of the Spontaneous Emergence of Self-Replicating Systems Using Cellular Automata and Formal Grammars." In A. Lindenmayer and G. Rozenberg, eds., *Automata,Languages, Development*. Amsterdam: North-Holland.

———. 1986. "A Mathematical Framework for Studying Learning in Classifier Systems." In D. Farmer et al., *Evolution, Games and Learning: Models for Adaptation in Machine and Nature*. Amsterdam: North-Holland.

———. 1992. *Adaptation in Natural and Artificial Systems: An Introductory Analysis with Applications to Biology, Control, and Artificial Intelligence*, 2nd ed. Cambridge, Mass.: MIT Press.

*Hölldobler, B., and E. O. Wilson. 1990. *The Ants*. Cambridge, Mass.: Belknap Press of Harvard University Press.

Kauffman, S. A. 1994. "Whispers from Carnot: The Origins of Order and Principles of Adaptation in Complex Nonequilibrium Systems." In G. A. Cowan et al., eds., *Complexity: Metaphors, Models, and Reality* .Reading, Mass.: Addison-Wesley.

*Lodge, O. 1887 (1950). "Johann Kepler."In J. R. Newman, *The World of Mathematics*. New York：Simon and Schuster.

Lotka, A. J. 1956. *Elements of Mathematical Biology*. New York: Dover.

Marimon, R., E. McGratten, and T. J. Sargent. 1990. "Money as a Medium of Exchange in an Economy with Artificially Intelligent Agents." *Journal of Economic Dynamics and Control* 14: 329—373.

Maynard Smith, J. 1978. *The Evolution of Sex*. Cambridge: Cambridge University Press.

Motowski, A. 1952. *Sentences Undecidable in Formalized Arithmetic: An Exposition of the Theory of Kurt Gödel*. Amsterdam: North-Holland.

*Orel, V. 1984. *Mendel*. Oxford: Oxford University Press.

*Pais, A. 1991. *Niels Bohr's Times: In Physics, Philosophy, and Polity*. Oxford: Oxford University Press.

Perelson, A. S. 1994. "Two Theoretical Problems in Immunology: AIDS and Epitopes."In G. A. Cowan et al., eds., *Complexity: Metaphors, Models, and Reality*. Reading, Mass.: Addison-Wesley.

Perry, Z. A. 1984. "Experimental Study of Speciation in Ecological Niche Theory Using Genetic Algorithms." Doctoral dissertation, University of Michigan.

*Sagan, D., and L. Margulis. 1988. *Garden of Microbial Delights: A Practical Guide to the Subvisible World*. Cambridge, Mass.: Harcourt Brace Jovanovich.

Samuelson, P. A. 1948. *Economics: An Introductory Analysis*. New York: McGraw-Hill.

*Sherrington, C. 1951. *Man on His Nature*. London: Cambridge University Press.

*Smith, A. 1776 (1937). *The Wealth of Nations*. New York: Modern Library.

Srb, A., et al. 1965. *General Genetics.* New York: Freeman.

Turing, A. M. 1937. "On Computable Numbers, with an Application to the Entscheidungsproblem." *Proceedings of the London Mathematical Society*, series 2, no.4: 230—265.

——. 1952. "The Chemical Basis of Morphogenesis." *Philosophical Transactions of the Royal Society of London*, series B, 237: 37—72.

*Ulam, S. M. 1976. *Adventures of a Mathematician.* New York: Scribners.

von Neumann, J. 1966. *Theory of Self-Reproducing Automata*, ed. A. W. Burks. Urbana: University of Illinois Press.

*Waldrop, M. M. 1992. *Complexity: The Emerging Science at the Edge of Order and Chaos.* New York: Simon and Schuster.

*Weyl, H. 1952. *Symmetry.* Princeton: Princeton University Press.

*Wiener, P. P., ed. 1958. *Values in a Universe of Chance: Selected Writings of Charles S. Peirce.* Garden City, N.Y.: Doubleday.

*Wright, W. 1989. *SimCity* (video game). Orinda, Calif.: Maxis Corporation.

图书在版编目(CIP)数据

隐秩序：适应性造就复杂性/(美)约翰·霍兰著;周晓牧,
韩晖译;陈禹,方美琪校.—上海：上海科技教育出版社,
2019.1(2024.9重印)

(哲人石丛书:珍藏版)

ISBN 978-7-5428-6911-1

Ⅰ.①隐… Ⅱ.①约… ②周… ③韩… ④陈… ⑤方…
Ⅲ.①复杂性理论—普及读物 Ⅳ.①N941.4-49

中国版本图书馆CIP数据核字(2018)第303147号

责任编辑	潘 涛 文 木 叶 剑	
	傅 勇 王 洋	
封面设计	肖祥德	
版式设计	李梦雪	

隐秩序——适应性造就复杂性

[美] 约翰·H.霍兰 著

周晓牧 韩 晖 译

陈 禹 方美琪 校

出版发行	上海科技教育出版社有限公司
	(201101 上海市闵行区号景路159弄A座8楼)
网　址	www.sste.com　www.ewen.co
印　刷	常熟市文化印刷有限公司
开　本	720×1000　1/16
印　张	12.5
版　次	2019年1月第1版
印　次	2024年9月第9次印刷
书　号	ISBN 978-7-5428-6911-1/N·1050
图　字	09-2017-936号
定　价	35.00元